口絵1 ニホンウナギ頭部
→ 詳細は図 1.1 参照.

口絵2 ニホンウナギのシラスウナギ
→ 詳細は図 1.10 参照.

口絵3 ニホンウナギの餌生物
→ 詳細は図 1.12 参照.

口絵 4　ニホンウナギの黄ウナギと銀ウナギ
　→ 詳細は図 1.17 参照.

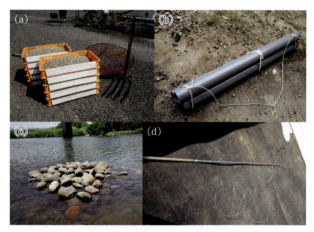

口絵 5　黄ウナギを漁獲するための漁具
　→ 詳細は図 2.9 参照.

ウナギの保全生態学

海部健三 [著]

コーディネーター 鷲谷いづみ

KYORITSU
Smart
Selection

共立スマートセレクション
8

共立出版

はじめに

　本書を手に取った方は，おそらくウナギに興味があり，ニホンウナギが減少していること，その価格が上がっていることをご存じかと思います．それでは，日本で養殖されているウナギの半分以上が，密漁・無報告漁獲・密売を経たものであるという事実については，どうでしょうか．これら密漁・無報告漁獲・密売されたウナギは，正規に漁獲・流通したウナギと混ざり，その後は取扱業者も正規・非正規の区別がつけられない状態で一般の流通ルートに乗ります．このため，スーパーの陳列棚から冷凍のウナギを購入しても，老舗の蒲焼き店で高価な鰻重を食べても，同じように高い確率で違法な流通を経たウナギに出会うことになります．例えば2匹の国産ウナギを食べたとすれば，そのうち1匹は違法な漁獲や取引を経てきた可能性が高いということです．ウナギの減少と価格高騰が盛んに報じられてきた一方で，密漁・密売はごく最近まであまり注目されませんでした．また，本書の中で詳しく説明するように，実質的に無制限な漁獲が許容され，成長の悪いウナギが選択的に河川に放流されています．なぜ，このような状況が続いているのでしょうか．

　日本において，密漁・密売されたウナギが一般の市場に広く出回っていることは，研究者，産業界，行政を問わず，職業としてウナギに関わっている人間であれば，全員が当然のように知っている，いわば「公然の秘密」です．現行の漁獲量規制に漁獲量を削減する実効性が期待できないことも，養殖場で育った成長のよいウナギが

食用に売られ，売れ残った成長の悪いウナギが自然の河川に放流されていることも，日本のウナギに関係する社会にとっては，ごく当たり前の事実でした．しかしこれまで，これらの情報が一般社会に対して，十分に共有されてきたとは言い難いのが実情です．

成育場の環境についても，社会における情報共有は進んでいないと感じています．ウナギは食材としてのイメージが強く，このため「ウナギを守る」＝「消費を減らす」という図式が頭に浮かびやすいようです．個体数が減少しているため，消費を減らす必要があるのは当然のことでしょう．しかし，消費量の削減のみによってウナギを保全し，持続的に利用することはできません．ウナギの減少には，河川や沿岸域といった，彼らが成育する場の環境劣化が深く関わっており，劣化した成育場の環境を回復させることが，個体群を回復するためには必要なのです．

日本は，産卵場の発見や人工種苗生産（いわゆる完全養殖）の成功など，ウナギの生物学的研究において世界を牽引してきました．しかし，保全と持続的利用に関しては，圧倒的に遅れを取っていると言わざるを得ません．日本がウナギの保全と持続的利用に関する研究の後進国であるという事実は，生物学的研究の成功に隠れ，これまでほとんど社会から注目を浴びることはありませんでした．この点も，ウナギ減少の問題に関して，情報共有に改善が必要な事柄の一つでしょう．

ウナギを保全し，持続的に利用するためには，今後，生物学的な側面だけでなく，漁業管理や自然再生など，多様な視点からウナギの研究を推進していくことが重要です．保全生態学は，生態学に足場を持ちながら，生物多様性の保全と生態系サービスの持続的利用を目指す学問分野です．保全と持続的利用を実現するためには，生物学または生態学的な知見だけでなく，社会意識の変革を促し，古

いシステムの改善点を指摘するとともに，新しいシステムを提案していくことが必要とされます．このため保全生態学では，自然科学，社会科学，人文科学などの異なる学問分野，研究者や教育者，産業界，行政などの異なるセクター，そして市民による幅広い協働が欠かせません．

多様な主体間の協働を促進する第一歩は，正確で十分な情報共有にあります．本書は，ウナギの保全と持続的な利用を実現するために共有すべき情報を，広く社会に伝えることを目的として制作されました．この本が，資源の持続的利用，および開発と環境のバランスという幅広い視点から，ウナギの問題を捉え直す一助になることを切に願っています．

まえがきの最後に，本書の刊行に際し，お力添えをいただいたみなさまに感謝の意を示させていただきたいと思います．まず，本書は私個人が得た知見ではなく，研究，産業，行政，NGOなど多様な方々の努力によって，綿々と受け継がれて来た知識を取りまとめたものであることをお断りするとともに，これら，ウナギに関わるあらゆる関係者の方々に，感謝の意を表します．

本書の刊行に際して，編集を担当していただいた共立出版の信沢孝一氏，酒井美幸氏には，遅筆をお詫びするとともに，数多くの有益な助言を受けたことに深く感謝致します．また，中央大学の鷲谷いづみ教授には，コーディネーターとして本書のテーマ設定から文章の推敲までを，詳細に指導していただきました．保全生態学の考え方と文章の書き方について改めて学ぶ貴重な機会が得られたことは，今後の人生において大きな糧になると信じています．

最後に，三十路を迎えてからの大学院進学と，その後のフィールド調査の多い研究生活を理解し支えてくれた家族，特に両親と妻の

繭子，娘の凪に感謝します．

2016 年 4 月

海部健三

目　次

はじめに ………………………………………………………………… iii

① ニホンウナギの生態 ………………………………………………… 1

1.1 ニホンウナギの進化的位置　1
1.2 ニホンウナギの生活史　10
1.3 ニホンウナギの個体群構造　23
参考文献　25

② ニホンウナギの現状 ………………………………………………… 31

2.1 個体群の危機　31
2.2 危機の要因 (1)――海洋環境の変動　45
2.3 危機の要因 (2)――過剰な漁獲　50
2.4 危機の要因 (3)――成育場の環境変化　57
2.5 そのほかのウナギ属魚類の危機　66
参考文献　73

③ ニホンウナギの保全策 ……………………………………………… 76

3.1 なぜウナギを守るのか　76
3.2 現在の対策――放流　80
3.3 望ましい対策――漁業管理　96
3.4 持続可能な利用のための対策――成育場の環境回復　109
3.5 これからの保全　118
参考文献　134

終 ニホンウナギの保全と持続的利用のための 11 の提言 … 136

ウナギに挑む保全生態学（コーディネーター　鷲谷いづみ）… 141

索　　引 …………………………………………………………… 152

Box

1. 「漁業・養殖業生産統計」のシラスウナギ漁獲量データ ……… 34
2. ワシントン条約 ……………………………………………… 38
3. シラスウナギの密漁・無報告漁獲・密売と県外販売制限 ……… 54
4. 効果的なウナギの放流 ……………………………………… 94
5. 漁業日誌のチカラ …………………………………………… 98
6. 人工種苗生産技術はニホンウナギを救うのか？ …………… 104
7. 黄ウナギの漁業管理の進め方 ……………………………… 106
8. 責任ある流通と消費 ………………………………………… 108
9. 世界で進む河川横断工作物の撤去 ………………………… 112
10. 河川の自然を回復する ……………………………………… 114
11. 生態系インフラストラクチャー …………………………… 116
12. 市民参加型調査を通じた情報共有 ………………………… 126
13. 日本ウナギ会議 ……………………………………………… 130

① ニホンウナギの生態

絶滅危惧種に指定されたニホンウナギ[1]（*Anguilla japonica*）（図 1.1）．その保全と持続可能な利用を考えるにあたっては，彼らの生物としての特性を十分に理解する必要がある．本章ではニホンウナギの進化，生活史，個体群構造を概観する．

1.1 ニホンウナギの進化的位置

ニホンウナギを含む魚類グループ，ウナギ目魚類の歴史は古い．ティラノサウルス（*Tyrannosaurus rex*）などの恐竜たちが繁栄していた白亜紀[2]の地層からも，ウナギ目魚類の化石が出土する．この節では，数千万年にわたるウナギ類の進化の軌跡を簡単に紹介する．

---

[1] この本の中では，生物種としてニホンウナギを指す場合は「ニホンウナギ」，ウナギ属魚類のうち複数種を含む場合は単に「ウナギ」と表記して区別する．
[2] およそ 1 億 4000 万年から 6400 万年前．

図 1.1 ニホンウナギ頭部
岡山県児島湾で漁獲されたニホンウナギ. → 口絵 1 参照

ウナギ属魚類の進化的位置

　生物の分類では，動物や植物を分ける最も大きな分類群である「界」から，生物の種類の基本単位といえる「種」までのいくつかの階層が用いられる．ウナギ目魚類は硬骨魚綱という，サメやエイ等を除く，一般的に知られているほとんどの魚が含まれる大きなグループに属する（**図 1.2**）．ウナギ目は，ウナギのほかにアナゴやウツボ，ウミヘビなど約 800 種からなる比較的大きなグループで，細長い体を持ち，腹びれを持たない．稚魚期の形態は柳の葉のような幅広い形状をしており，レプトセファルスと呼ばれる．

　ウナギ目は，ニホンウナギを含むウナギ科など 19 の「科」で構成されるが，ウナギ科に含まれるのはウナギ属一属のみである．ウナギ属にはニホンウナギを含む 16 の種が含まれ，これらが一般的に「ウナギ」と呼ばれる（**表 1.1**）．

　ウナギ目魚類のなかで，ウナギ属（＝ウナギ科）は比較的新しく出現したグループであり，およそ 4000 万年前から 7000 万年前，現在のインドネシアの周辺で起源したとされる．

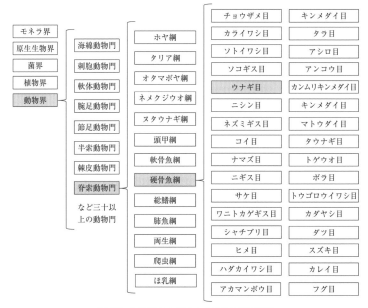

図 1.2　生物界におけるウナギ目魚類の位置
上位分類群は簡略して示した．硬骨魚綱内の目の表記は『日本産魚類検索全種の同定第三版』中坊（2013）に従った．

降河回遊生態の獲得

　ニホンウナギを含むウナギ属魚類は，外洋で産卵し，河川で成長する．外洋の産卵場で孵化した後には沿岸域まで移動し，河川で成長し成熟を開始すると，川を下り産卵場まで戻る．この移動の様式は，降河回遊と呼ばれている（**図 1.3**）．

　ウナギ属魚類とは反対に，河川で生まれて海で成長する遡河回遊を行う魚類も存在する．サケ科魚類はその代表である．産卵時には，生まれた河川へ戻る，母川回帰と呼ばれる行動が見られる．降河回遊と遡河回遊は，河川と海洋でそれぞれ産卵と成長を行う回遊

表 1.1　ウナギ属魚類 16 種

北半球の温帯	*Anguilla japonica*（ニホンウナギ） *Anguilla anguilla*（ヨーロッパウナギ） *Anguilla rostrata*（アメリカウナギ）
熱帯	*Anguilla mossambica* *Anguilla borneensis*（ボルネオウナギ） *Anguilla celebesensis*（セレベスウナギ） *Anguilla megastoma* *Anguilla marmorata*（オオウナギ） *Anguilla bengalensis* *Anguilla interioris* *Anguilla obscura* *Anguilla bicolor*（ビカーラ種） *Anguilla luzonensis*（ルソンウナギ）
南半球の温帯	*Anguilla dieffenbachii*（ニュージーランドウナギ） *Anguilla australis*（オーストラリアウナギ） *Anguilla reinhardtii*

16 種のうち 3 種が北半球の温帯に，3 種が南半球の温帯に，13 種が熱帯に成育場を持つ．日本での通称がない種については，学名のみを示す．

生態だが，このほかに両側回遊と呼ばれる回遊を行う魚類や甲殻類も少なくない．それらは，海と河川のどちらか一方を産卵場および主要な成育場としながら，一生の一時期のみ，他方の生息域を利用する．例えばアユ（*Plecoglossus altivelis*）は河川で産卵し，孵化した稚魚は一度海へ降りる．沿岸域で数ヶ月成長した後に河川へ戻り，その後の一生を河川で過ごす．

一生のうちに海と河川という，質的に大きく異なる生息域空間の両方を利用する降河回遊，遡河回遊，両側回遊の三つの様式を，まとめて「通し回遊」と呼ぶ．通し回遊生態は，水生動物の進化の過程においてどのように獲得されたのか．専門家の間で今でも議論が続いている，未解決の問題である．

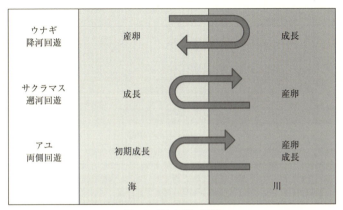

図1.3 通し回遊の類型

降河回遊と遡河回遊はそれぞれ産卵と成長を異なる水域で行うが,両側回遊を行う魚類は,生活史のほとんどを一方の水域で過ごし,もう一方の水域で過ごすのは限られた一時期のみである.

Grossらは,海と川の一次生産[3]の相違によって,通し回遊生態が進化するという「生産性仮説」を提案した.海洋における一次生産を規定する要因の一つは,植物プランクトンが光合成を行うために必要とするミネラルの供給量にある.ミネラルの豊富な湧昇流(海底から海面へ向かう鉛直方向の水の流れ)が盛んな温帯や冷帯では,熱帯と比較して海洋の一次生産が大きい.このため,温帯および冷帯では,河川よりも海洋における一次生産が大きく,熱帯においては反対に,海洋よりも河川における一次生産が大きい.「生産性仮説」は,熱帯に生息する魚類の場合,一次生産が大きく,餌の豊富な河川を成長の場として利用する降河回遊生態が発達しやす

---

[3] プランクトンを含む,植物による光合成生産.ほとんどの生物は植物が光合成によって生産した有機物を利用しているため,一次生産量によってその空間で生育可能な生物の総量が規定される.

図 1.4 Gross らの生産性仮説

卵や孵化仔魚は環境変化に弱く,産卵場の移動は成育場の移動と比較してより多くの制約を伴う.このため,一方の環境に産卵場を残したまま成育場を移動させ,海洋と河川を行き来する回遊生態が発達したと考えられる.生産性仮説によれば,温帯では河川に産卵場を持つ生物が成育場を海洋へ移すことによって遡河回遊生態が発達しやすく,熱帯では海洋に産卵場を持つ生物が成育場を河川へ移すことによって降河回遊生態が発達しやすい.

く,温帯や冷帯では反対に海洋を成長の場として利用する遡河回遊生態が発達しやすい,とする考え方である(**図 1.4**).

最近の研究によって,淡水域に侵入するウナギ属魚類は,外洋で生活史を完結させる中深層性の深海魚である,ノコバウナギ科やシギウナギ科から進化したことがわかってきた.ウナギ属魚類はインドネシアやマレーシア周辺の,東南アジアの熱帯に出現し,ニホンウナギなど温帯に分布する種は,より新しい時代にこれら熱帯で生まれた種から枝分かれしたとされる.河川の一次生産が大きい熱帯において,一生を海洋の中で過ごしていた魚が,産卵場を海洋に残したまま成長の場を河川に移したのが,ウナギ属魚類の起源ともいえるだろう.

しかし,温帯域では一般的に河川よりも海洋の一次生産が高い.ニホンウナギを含む温帯に生息するウナギは,河川や湖沼など淡水だけでなく,沿岸域にも生息しているが,汽水・海水域に生息する個体のほうが,淡水域に生息するものよりも成長が速いことが知ら

れている．成長が速いことは，捕食される可能性を低下させ，将来の繁殖の可能性を高めるため，適応的[4]である．そのことだけを考えると，温帯に生息するウナギ属魚類の淡水域への侵入は，適応的とはいえない．

温帯域に生息するウナギ属魚類が，河川の低い生産性にもかかわらず，なぜ降河回遊生態を維持しているのか．この問題は専門家の間で，ウナギをめぐる謎の一つとして注目されている．マリアナ諸島西方の産卵場で捕獲された，産卵後のニホンウナギ13個体について，耳石微量元素解析（本章1.2参照）に基づいて回遊の履歴を調べた結果，そのうち9個体に淡水域で暮らした経験が確認された．淡水域における成長が海洋よりも遅いのであれば，河川を成育場として利用する温帯のウナギ属魚類の回遊生態は，Grossらの生産性仮説では説明がつかない．

種内競争やカニバリズム（共食い）の回避，汽水・海水域での高死亡率などが，栄養条件よりも大きな効果を持つとすれば，河川を成育の場とすることは理解しやすい．淡水域に生息域を広げることで，ウナギどうしの競争や共食いが緩和され，汽水や海水域に多く生息する大型魚類による被食のリスクを回避できることが選択圧となった可能性も考えられる．

ウナギが降河回遊生態を獲得した時代には，すでに海洋には，沿岸から外洋にわたってウツボ科やアナゴ科など多くの肉食性ウナギ目魚類が生息していた．それらとの競争回避が，ウナギ属魚類の祖

---

[4] 適応的であるとは，ある特性によって適応度が高まることをいう．また，適応度とは，ある生物個体の子孫の生き残りやすさの指標であり，通常，一生のうちに得られる子孫の数で表される．したがって，ある生物個体の何らかの特徴が適応的であるということは，「その特徴を持つことによって，より多くの子孫を残せる確率が高まった」と言い換えることができる．

先が沿岸域を避けて淡水に侵入することを促す一因となったとも推測できる．実際に岡山県児島湾・旭川水系においては，ニホンウナギの河川侵入の結果として，汽水域におけるマアナゴとの餌資源をめぐる競争が緩和されており，沿岸域の先住者が，ウナギ属魚類を淡水域へと追いやったとも捉えることができる．今後，さらに幅広い視点からの研究が期待される．

ウナギ属魚類の分化とニホンウナギ

　熱帯に生息するウナギの産卵場と成育場はともに熱帯にあり，比較的短距離の回遊を行う．これに対し，温帯を成育場とするニホンウナギは大規模な回遊を行う必要がある（**図 1.5**）．太平洋のインドネシア，マレーシア周辺の熱帯で生まれたウナギの祖先が，産卵場を大きく移動させることなく回遊距離を拡大して，熱帯から温帯へと成育場を移した結果，ニホンウナギとなったようだ．

　太平洋の熱帯から温帯へと分布を拡大させる一方，ウナギ属魚

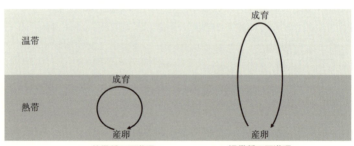

熱帯種の回遊環	温帯種の回遊環
産卵場と成育場がともに熱帯にある．	産卵場は熱帯，成育場は温帯にあるため，回遊距離が長い．

図 1.5　熱帯ウナギとニホンウナギの回遊環

ウナギ属魚類の祖先は熱帯で生まれたため，産卵場は熱帯にある．回遊距離を伸ばし，成育場を温帯へ移動させたグループが，ニホンウナギやアメリカウナギ，ヨーロッパウナギなどの温帯種と考えられる．

類の一部は，太平洋からインド洋，大西洋へも進出した．現在の大西洋にはヨーロッパウナギ（*Anguilla anguilla*）とアメリカウナギ（*Anguilla rostrata*）の2種が生息しており，ともにメキシコ湾のサルガッソー海を産卵場としている．大西洋に生息するこれらのウナギは，どのようにして太平洋から移動したのか．現在の海洋と大陸の分布からは理解が難しいが，遺伝子を利用してウナギの系統進化をたどった研究によると，太平洋に生息する種と大西洋に生息する種が分かれたのは，二つの海がテーチス海を通じてつながっていた時代である．ヨーロッパウナギとアメリカウナギの祖先は，テーチス海を通って太平洋から大西洋へと移動したと考えるのが妥当だろう（**図1.6**）．

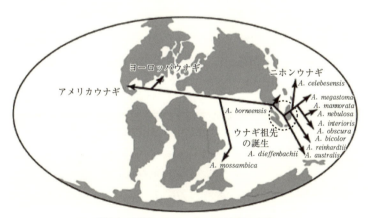

図1.6　白亜紀におけるウナギ属魚類の分化

東南アジアで生まれたウナギ属魚類の祖先種の一部は，熱帯域で多様な種に分化し，一部は北太平洋温帯域に成育場を移してニホンウナギの祖先となった．また一部は当時太平洋と大西洋をつないでいたテーチス海を通じて大西洋まで移動し，現在のヨーロッパウナギとアメリカウナギの祖先となったと考えられている（Aoyama 2009, 図3より改変）．

1.2 ニホンウナギの生活史

ニホンウナギはどのような一生を送るのか．これまでの研究で明らかにされていることを紹介する．

ニホンウナギの産卵場

ニホンウナギの産卵場は，グアム島やサイパン島を有するマリアナ諸島の西方海域にある（図 1.7）．この海域を南北に連なる西マリアナ海嶺と，東西方向に形成される塩分フロントの交点の近くにニ

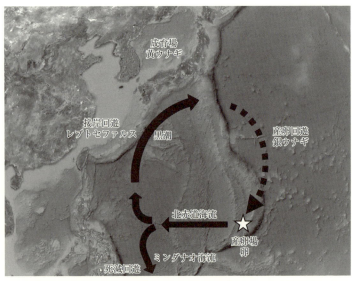

図 1.7 ニホンウナギの回遊

マリアナ諸島の北西海域で生まれたニホンウナギは，柳の葉の形をしたレプトセファルスへと成長し，東アジアの成育場へとたどり着く．東アジアの河川や沿岸域で5～10年ほどかけて成長した個体は，銀ウナギに変態して産卵場を目指す．産卵場へ向かう経路は，現在もわかっていない．

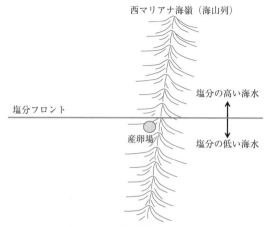

図 1.8　産卵場が形成される環境
南北方向に連なる西マリアナ海嶺と東西方向に伸びる塩分フロントの交点のそばに産卵場が形成される．東アジアから南下してきたニホンウナギが，塩分フロントを指標として産卵場を認識する可能性が考えられている．

ホンウナギが集まり，産卵する．塩分フロントとは，北側の比較的塩分の高い海水域と，南側の塩分の低い海水域との境界を指す（**図 1.8**）．

　産卵は，水温が 2℃ 程度，およそ 150 m の水深で行われる．受精卵は直径 1.6 mm 程度の大きさで，1 日から 2 日で孵化すると，レプトセファルスと呼ばれる葉形仔魚に成長し，海流によって輸送される（**図 1.9**）．レプトセファルスの扁平な形状は，海流の力を効率的に受け止めると推測されている．また，体内に多く存在する塩類細胞によって，海水から塩分を取り出して比重を軽くし，保水性の高いムコ多糖に吸収させることで，体の密度を海水よりもわずかに軽くしている．レプトセファルスは海流に乗って移動しながら，水中に浮かぶ微小な有機物のかけら，マリンスノーを食べて成長す

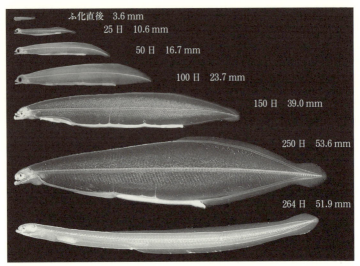

図 1.9　ニホンウナギの初期成長段階
レプトセファルスへは細長いシラスウナギ（一番下）へと変態して河川へ進入する．
シラスウナギの平均的な大きさは，6 cm（写真：水産総合研究センター）．

る．

　産卵場から西へ流されたニホンウナギのレプトセファルスの一部は，フィリピン諸島付近で黒潮に乗り換えて北上する．黒潮によって北上したグループは，東アジア沿岸域の成育場へと到達することができる．その一方，フィリピン諸島東方沖から南方へ向かうミンダナオ海流に取り込まれた個体は，成育場にたどりつくことができずに死滅すると考えられている．

ニホンウナギの成育場

　マリアナ諸島を産卵場とするニホンウナギは，日本，中国，韓国，北朝鮮，台湾等の東アジアの河川や沿岸域で成長する．東アジ

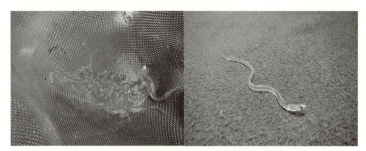

図1.10 ニホンウナギのシラスウナギ
岡山県児島湾に進入したシラスウナギ．→口絵2参照

ア沿岸域へと近づいたレプトセファルスは，葉形の体を縦方向に収縮させ，細長いシラスウナギに変態する（**図1.10**）．色素がほとんど発達していない，白く透き通ったシラスウナギは，成育の場を求めて河川を遡る．

東アジアの分布域内には，遺伝的に区別できる地域系統が確認されないことから，親個体が育った場所と同じ河川にその子孫のシラスウナギが選択的に進入して，近縁個体の集団が形成されるようなことはないと考えられている．産卵場の場所，海流の位置と速さ，回遊経路の渦の数や強さ，河川からの出水量とその方向など，さまざまな要因に偶然の効果も加わって，実際に進入する河川が決まるのだろう．

シラスウナギの河川進入は，捕食者に見つかりにくい夜間に行われる．また，河川を遡上する際には，選択的潮流輸送（selective tidal stream transportation）と呼ばれる行動が観察される．河口近くでは，海の干満に伴って川の流れが逆転するが，遊泳力があまり高くないシラスウナギは，上げ潮に乗って川を遡り，満潮を迎えて上げ潮から下げ潮へと潮の向きが変化すると，水底にもぐって再び上げ潮を待つ．シラスウナギ漁は通常，この行動を利用して夜間

の上げ潮時に行われる．

　河川を遡上したシラスウナギは，上げ潮によって河川水の逆流がおきる感潮域の最上流部までたどり着くと，遡上を止めて底生生活へと移行する．その後ゆっくりと成長しながら上流域へ，または沿岸部を含む下流域へと拡散する．ニホンウナギにとって河川の河口域は，河川進入後の初期成長を送る，重要な成育の場であるといえる（**図 1.11**）．

　河川，または河口近くの沿岸域で底生生活に移行したニホンウナギの体表には色素が沈着し，黄ウナギと呼ばれる成育期に入る．黄ウナギ期には，エビやカニ，昆虫類の幼生を含む底生動物や小魚を捕食するが，淡水域においては，ミミズや陸生昆虫など，陸域の餌資源の利用も確認されている．岡山県における調査では，淡水域に生息する個体の胃内容物にはアメリカザリガニ（*Procambarus clarkii*），トンボの幼生（ヤゴ），幼生から成虫になるために水面に現れたカゲロウの亜成虫などが見られ，汽水域に

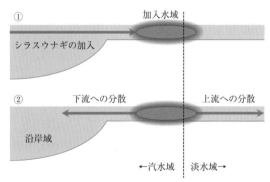

図 1.11　ニホンウナギの河川進入と分散の過程
海洋から河川にシラスウナギが加入し，選択的潮流輸送によって潮間帯最上流域，汽水と淡水の分かれる水域まで遡上する．その後成長とともに上流方向，下流方向へと分散する．

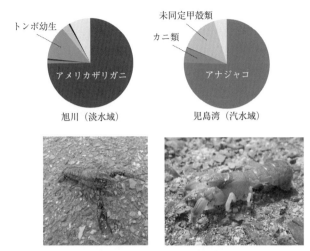

図 1.12 ニホンウナギの餌生物
岡山県の旭川淡水域と，旭川が流れ込む児島湾で採集されたニホンウナギの胃内容物の割合（質量比）．淡水域，汽水域ともに，底生の甲殻類が胃内容物の多くを占めていた．淡水域では外来生物のアメリカザリガニ（写真左）が，汽水域ではアナジャコ（写真右）がそれぞれ約75%を占めていた．→ 口絵3参照

生息する個体にはアナジャコ（*Upogebia major*），ケフサイソガニ（*Hemigrapsus penicillatus*）のほか，ゴカイや魚類などが観察された（**図1.12**）．

 これまでの研究からは，ウナギは長期的にみれば餌生物の選択の幅が広い「日和見的な捕食者」であるものの，短期的には1種類の餌生物を専門的に捕食する「専食者」であると考えられる．同一個体の胃内容物の中に複数種類の餌生物が見つかる頻度が低いことが，その理由である．例えば，同じ水域に生息するマアナゴとニホンウナギの胃内容物を比較したところ，マアナゴの胃の中に2種類以上の餌生物が見られる割合が約13%であったのに対し，ニホンウナギの場合，この割合は約3%にとどまっていた．同様の傾向

は，ヨーロッパウナギや南半球のオーストラリアウナギについても報告されている．ウナギは，さまざまな生物を餌にする能力を持つことによって，多様な環境に適応できる一方で，特定の環境のもとでは決まった餌生物に狙いを絞り，捕食の効率を高めているといえそうだ．

自然環境におけるニホンウナギの成長は，成長段階や個体による相違が大きいものの，およそ一年に5から10 cm程度である．ヨーロッパウナギやアメリカウナギなどほかの温帯種ウナギ属魚類と同様に，汽水域のニホンウナギは比較的成長が速く，淡水域の個体は成長が遅い（**図 1.13**）．淡水域と汽水域における成長速度の相違は，年間摂餌量（せつじ）で説明できる．淡水域に生息する個体と比較して，汽水域に生息している個体は一日の摂餌量が多く，年間の活動期間も長いため，年間の摂餌量（一日の摂餌量×年間活動期間）が多

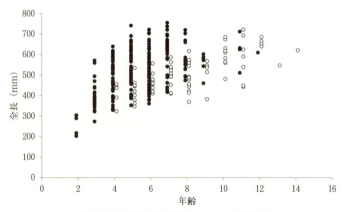

図 1.13 淡水域と汽水域のニホンウナギの成長
岡山県旭川淡水域で採集されたニホンウナギ（○）と，旭川汽水域および，旭川が流入する児島湾の汽水域で採取されたニホンウナギ（●）の成長速度．シラスウナギとして日本まで到達した年齢を0才としている．同じ年齢で比較すると，淡水域よりも汽水域で捕獲された個体のほうが，全長が大きい（Kaifu *et al.* 2013, 図2より改変）．

い．汽水域で若齢期を過ごす水生生物が多く，仔稚魚や動物プランクトンが豊富なことが，一日の摂餌量が多い理由の一つだろう．また，ニホンウナギの場合は，水温が13℃程度を下回ると活性が低下し，あまり摂餌を行わなくなる．水量が多く流れが緩やかな汽水域では，冬期の水温低下が穏やかであることが，年間の活動期間が長いことに寄与していると考えられる．

回遊の可塑性と保守性

ウナギ属魚類の回遊には可塑性が認められる．「可塑性」とは，熱を加えることによって柔らかくなり，形を変化させることが可能なプラスチック[5]のように，性質を変化させることのできる能力である．すべてのニホンウナギは海で生まれるが，河川の淡水域に進入する個体もいれば，一生淡水に進入せずに，汽水・海水域で成長する個体もいる．ニホンウナギの回遊の可塑性とは，成育期における生息場所の選択が多様であることを意味している．

サケ科魚類でも回遊の可塑性が知られている．例えばサクラマス（*Oncorhynchus masou masou*）は，河川の淡水域を産卵場とするが，そこで生まれた個体の一部は河川から海へ移動して成長する．海で成育した個体は体が大きくなってサクラマスと呼ばれ，河川に残った個体はヤマメと呼ばれるが，遺伝的には同じ生物種である．

ニホンウナギが河口や沿岸の汽水・海水域にも生息していることは，古くから漁業者などに知られていた．しかし，これらの個体の中に，海洋で生活史を全うする純海水魚のように，一度も淡水域に

---

[5] 英語のplasticとは，プラスチックやビニール製品を指すが，本来は「可塑性をもつ」という意味の単語である．

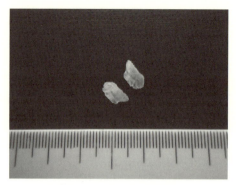

図 1.14　ニホンウナギの耳石

魚類は内耳を持つが，外耳と中耳は持たない．このため，魚類の体の外側に耳介（人間の場合は頭の両側に存在する，一般的に「耳」と呼ばれる部位）は存在しない．魚類の内耳の中には，平衡感覚や聴覚に関係する，炭酸カルシウムでできた耳石が存在する．写真はニホンウナギの耳石．目盛りは 1 mm．

進入せず，海洋で生活史を完結する個体が数多く存在することが明らかにされたのは，最近のことである．この発見は，平衡感覚や聴覚に関係する耳石という組織の分析による（**図 1.14**）．

耳石は，人間であればうずまき管や三半規管に相当する，内耳という器官の中に存在する炭酸カルシウムの硬組織である．魚の耳石は体の成長とともに大きくなるため，季節変動によって体成長に変化が生じると，耳石の成長も季節的に変化し，樹木の年輪と同じような輪紋が形成される．この輪紋数を読み取ることによって，個体の年齢を知ることができる（**図 1.15**）．

骨を構成するリン酸カルシウムは，新しいリン酸カルシウムと交換されることによって，常に「新しい骨」に変化している．しかし，耳石は骨と違い，代謝によって新しい物質と入れ替わることはなく，新たな物質が古い物質の外側に蓄積される．このため，耳石のうち幼少期に形成された部分と老成期に形成された部分には，そ

図 1.15 耳石の年輪

耳石を薄く研磨し，年輪を見やすいように染色した顕微鏡．白丸はシラスウナギとして加入した時期，黒丸は年輪を表す．この個体は4才，つまり加入後5年目に入ったところで捕獲された．

れぞれその時期に取り込まれた物質が存在する．耳石を構成する元素は，それが取り込まれた際の環境水の物質組成を反映するため，耳石の各部分に含まれる元素を調べることによって，その個体が生息していた環境を，過去に遡って復元することができる．カルシウムとよく似た物理化学的性質を持つストロンチウムは，カルシウムと同様耳石形成に寄与する．海水はストロンチウム濃度が高く，淡水は低いため，耳石のストロンチウム含有量は，淡水生活期に形成された部分では少なく，海水生活期に形成された部分には多い．

耳石のストロンチウム含有量を年輪とあわせて解析することで，ある個体がいつからいつまで海水中で，または淡水中で過ごしたのかを推定できる（**図 1.16**）．このほかにも，マグネシウムや，さらには同一元素の同位体比（種類は同じだが質量の異なる元素の比率）を比較することにより，より詳細に，過去に経験した環境を推測することができる．

ニホンウナギの耳石のストロンチウム含有量により，個体ごとの淡水・塩水経験を調べてみると，多くの個体，水域によっては半数を越える個体に淡水経験が認められなかった．淡水域で成育する個体もいれば，淡水域と塩水域を行き来する個体も一定の割合含まれ

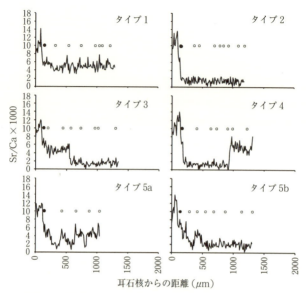

図 1.16 耳石のストロンチウム・カルシウム比 (Sr/Ca) 比の例
高い Sr/Ca 比は汽水生活期,低い Sr/Ca 比は淡水生活期を示す.なお,耳石核からの距離が 200 μm 以内の,初期の高い Sr/Ca 比は,生理的な現象と考えられている.● は河川進入時期(0 才),○ は年輪の位置を示す.タイプ 1 は加入後捕獲されるまで汽水域で過ごした個体,タイプ 2 は淡水域で過ごした個体,タイプ 3 は 2 才の終わりに汽水域から淡水域へと移動した個体,タイプ 4 は 4 才のときに淡水域から汽水域へ移動した個体,タイプ 5 は汽水域と淡水域を複数回経験したと推定される(Kaifu et al. 2010, 図 2).

ており,ウナギ属魚類における回遊行動の可塑性が示された.

 しかし,近年の研究によって,ウナギの回遊にもある程度の制約が存在する可能性が示されている.岡山県旭川では,沿岸域に生息する個体も,一度はシラスウナギとして河川の汽水域上流部まで遡上したのち,成長しながら沿岸域へと生息域を移していることが明らかにされた.同様の状況は,ほかの日本の河川でも確認されてい

る．ニホンウナギはその成育期の初期の時点で，河口など，ある程度淡水の影響を受ける水域を利用しているようだ．

以上の知見を総合すると，ウナギ属魚類，少なくともニホンウナギは，淡水および塩水の両方に適応する能力を持ちながらも，陸水生活期（河川や沿岸域で黄ウナギとして成育する時期）の初期には，淡水の影響を強く受ける水域を利用する．端的に言えば，ニホンウナギは塩分に対する幅広い適応能力を持ちながらも，やはり降河回遊魚としての生態を基本としている，といえるだろう．

ニホンウナギの降河回遊

10月半ば頃，河川の水温が低下するとともに，河川や沿岸域で十分に成長したニホンウナギは成熟を開始する．胸鰭や眼径が大きくなり，体に色素が沈着するなど外部形態に変化が生じ，銀ウナギに変態する（**図 1.17**）．肝臓が肥大化し，消化管の縮小とともに摂餌を行わなくなるなど，内部形態や行動にもさまざまな変化が見られる．これらは，繁殖に向けた適応的な変化と解釈できる．大きな胸鰭は遊泳能力を向上させ，肥大化した肝臓は遊泳のためのエネルギー確保を担うのだろう．このほかの変化も，産卵回遊時の長距離

図1.17 ニホンウナギの黄ウナギと銀ウナギ
黄ウナギ（左）と比較して，銀ウナギ（右）の胸鰭は黒く，頭部に対して眼径が大きくなっている．（写真：脇谷量子郎）→ 口絵4参照

遊泳やその後の繁殖行動に関係している可能性が高い．

　銀ウナギに変態する年齢は，雄のほうが雌よりも若い．体長も雄のほうが小さく，雌は大きい．ニホンウナギでは，雄は平均で8年程度をかけ，40 cm 以上で銀ウナギに変態し，産卵回遊へ向かう．これに対して雌は平均で10年程度をかけて50 cm 以上に成長したのちに，銀ウナギとなる．

　ウナギ属魚類は，一回繁殖性，すなわち一生の中で1回のみ繁殖活動を行うと考えられている．ニホンウナギの戦略では，成育期を短くして，その間の死亡リスクを少なくすることと，体サイズを大きくして配偶子[6]数を多くすることのトレードオフ（メリットとデメリットのバランスの取り方）が，重要なカギとなる．配偶子の小さい雄は，産卵場まで遊泳するために必要な体サイズを獲得すると間もなく，産卵回遊に向かうと考えられている．これは，体成長にかける時間を短くすることによって死亡率を低くし，適応度を高める生活史戦略ととらえられている．雄の配偶子（精子）は小さく，身体が小さくても十分な数を持つことが可能なためだ．一方で配偶子の大きい雌は，雄と比較して高齢，大サイズで産卵回遊を行う．これは，卵の数を多くすることによって適応度を高める生活史戦略と考えられる．

　銀ウナギは秋から冬にかけて，河川および沿岸の成育場を離れ，マリアナ諸島西方海域の産卵場へ向かって産卵回遊を開始する．産卵回遊にかかる期間は，回遊を開始する時期（秋から冬）と産卵の時期（春から夏）から推測して，およそ半年程度と考えられる．産卵場へ向かった銀ウナギがたどる経路に関する研究はまだ途上についたばかりであり，確かなことはわからない．しかし，2008年に

---

[6] 生殖のための細胞．一般的に動物の雄であれば精子，雌であれば卵を指す．

産卵海域で成熟したウナギが捕獲されたことにより，今後の研究の進展が期待される．

受精した卵は数日で孵化し，新たに生まれた個体は，海流に乗って成育場を目指す．

1.3 ニホンウナギの個体群構造

ある生物種の個体の集まりを個体群，個体群の中の遺伝的な構造を個体群構造という．通常，遺伝的なまとまりを持ったグループを，保全方策を考えるうえでの単位として考えるため，個体群構造は保全を考えるうえで重要な情報となる．

繁殖生態と個体群構造

多くの生物種は，ある程度空間的に隔離された局所個体群の集合体，メタ個体群として存在している．局所個体群は，場合によっては遺伝的に区別できる場合があるが，ニホンウナギは，種全体が遺伝的に異なる分集団に分割できない，単一の任意交配集団[7]であると考えられる（**図 1.18**）．

ある生物種が遺伝的に異なる複数の個体群から構成されているかどうか，つまりメタ個体群構造を有しているのか，検討するための遺伝子マーカーとして，これまでアロザイム（同じ機能を持つが，形態の異なる酵素群）やミトコンドリア DNA，核 DNA などが利用されてきた．近年のウナギ属魚類の個体群構造研究では，ご

---

[7] 任意とは無作為に選ばれることであり，「単一の任意交配集団」とは，種全体を通じて遺伝的交流がランダムに行われ，偏りがないことを意味している．これに対して一般的な生物は，同種の中でも遺伝的交流の盛んな個々の集団に分割できる場合が多い．遺伝的に異なる集団が形成される状況としては，地理的に離れた集団間での繁殖が困難になる場合などがある．

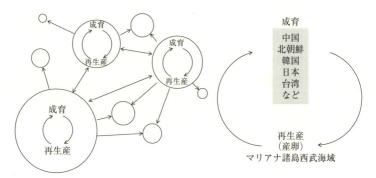

図1.18 メタ個体群構造を持つ生物とニホンウナギの個体群構造の比較（概念図）
○：局所個体群，→：個体の移動．メタ個体群構造を持つ生物では，局所個体群内における遺伝子の交流は活発だが，局所個体群間の流動は頻度が低いため，その間に遺伝的な差異が生じやすい（左図）．ニホンウナギの成育場は東アジアの沿岸域全体にわたるが，マリアナ諸島北西海域に集まって産卵するため，遺伝的に区別可能な局所個体群を形成しない（右図）．

くわずかな遺伝的差異の検出が可能な核DNAのマイクロサテライト（短い塩基配列の繰り返し）が多く利用されている．台湾の研究チームは，ニホンウナギの個体群構造を明らかにするために，台湾，中国，韓国，日本の合計9河川で採集された総計1770個体のシラスウナギのマイクロサテライトを比較した．その結果，異なるグループ間の遺伝的な相違は非常に小さく，本種は単一の任意交配集団であると結論づけている．その後，シラスウナギ724個体のマイクロサテライトを用いてニホンウナギの個体群構造が再検討されたが，同様の結果が得られている．

ニホンウナギと同様に，ヨーロッパウナギでも明確なメタ個体群構造は見いだされておらず，種全体が単一の任意交配集団を形成していると考えられている．これに対して，インド洋西部から太平洋東部まで世界的に広く分布するオオウナギは，少なくとも四つの局所個体群から成り立っていると報告されており，同じウナギ属魚類

であっても，種によって個体群構造が異なっていることが確認されつつある．

　水産資源として考えた場合，東アジア全域に分布しながらも単一の任意交配集団を形成するニホンウナギは，どの国家にも帰属しない，東アジア全体の共有資源といえる．

広大な分布域を有する単一の任意交配集団

　一般的には，生物種の分布範囲が広くなればなるほど，地理的に離れた個体どうしの繁殖が困難になり，遺伝的に異なる局所個体群が形成されやすくなる．それでは，なぜ東アジア全域に広がる広大な分布域を持ちながらも，ニホンウナギは単一の任意交配集団を保つことができるのだろうか．その理由は，ニホンウナギの回遊生態にあると考えられている．

　例えば東アジアの中のある成育場の個体群に，地域に特有の要因によって遺伝的な偏りが生じたとしても，単一の産卵場においてさまざまな年齢の個体が交配し，その子孫が再度受動的に成育場へ輸送されることによって，遺伝的な偏りは均質化される．外洋に産卵場を持ち，沿岸に成育場を持つ大規模な降河回遊生態によって，ニホンウナギの広大な分布域と均質な個体群構造は両立していると推測される．

参考文献

Acou A, Lefebvre F, Contournet P, Poizat G, Panfili A, Crivelli AJ (2003) Silvering of female eels (*Anguilla anguilla*) in tow sub-populations of the Rhone Delta. *Bulletin Francais De La Peche Et De La Pisciculture*, **368**, 55-68.

Aoyama J (2009) Life history and evolution of migration in catadoromous eels (Genus *Anguilla*). *Aqua-Bioscience Monographs*, **2**, 1-42.

Aoyama J, Nishida M, Tsukamoto K (2001) Molecular phylogeny and evolution of the freshwater eel, genus Anguilla. *Molecular Phylogenetics and Evolution*, **20**, 450-459.

Barbin GP, McCleave JD (1997) Fecundity of the American eel *Anguilla rostrata* at 45° N in Maine, U.S.A. *Journal of Fish Biology*, **51**, 840-847.

Chow S, Kurogi H, Katayama S, Ambe D, Okazaki M, Watanabe T, Ichikawa T, Kodama M, Aoyama J, Shinoda A, Watanabe S, Tsukamoto K, Miyazaki S, Kimura S, Yamada Y, Nomura K, Tanaka H, Kazeto Y, Hata K, Handa T, Tawa A, Mochioka N. (2010) Japanese eel *Anguilla japonica* do not assimilate nutrition during the oceanic spawning migration: evidence from stable isotope analysis. *Marine Ecology Progress Series*, **402**, 233-238.

Dannewitz J, Maes GE, Johansson L, Wickström H, Volckaert FA, Järvi T (2005) Panmixia in the European eel: a matter of time···. *Proceedings of the Royal Society B: Biological Sciences*, **272**, 1129-1137.

Daverat F, Tomas J (2006) Tactics and demographic attributes in the European eel *Anguilla anguilla* in the Gironde watershed, SW France. *Marine Ecology Progress Series*, **307**, 247-257.

Edeline E, Beaulaton L, Barh RL, Elie P (2007) Dispersal in metamorphosing juvenile eel *Anguilla anguilla*. *Marine Ecology Progress Series*, **344**, 213-218.

Gross MR, Coleman RM, McDowall RM (1988) Aquatic productivity and the evolution of diadromous fish migration. *Science*, **239**, 1291-1293.

Han YS, Hung CL, Tzeng WN (2010) Population genetic structure of the Japanese eel *Anguilla japonica*: panmixia at spatial and temporal scales. *Marine Ecology Progress Series*, **401**, 221-232.

Helfman GS, Bozeman EL, Brothers EB (1984) Size, age and sex of American eels in a Georgia river. *Transactions of the American Fisheries Society*, **113**, 132-141.

Helfman GS, Facey DE, Hales LS Jr., Bozeman EL Jr. (1987) Reproductive ecology of the American eel. *American Fisheries Society Symposium*, **1**, 42-56.

Hutchings JA (2006) Survival consequences of sex-biased growth and the absence of a growth-mortality trade-off. *Functional Ecology*, **20**, 347-353.

Inoue JG, Miya M, Miller MJ, Sado T, Hanel R, Hatooka K, Aoyama J, Minegishi Y, Nishida M, Tsukamoto K (2010) Deep-ocean origin of the freshwater eels. *Biology Letters*, **6**, 363-366.

Itakura H, Kaino T, Miyake Y, Kitagawa T, Kimura S (2015) Feeding, condition, and abundance of Japanese eels from natural and revetment habitats in the Tone River, Japan. *Environmental Biology of Fishes*, 1-18.

Kaifu K, Maeda H, Yokouchi K, Sudo R, Miller MJ, Aoyama J, Yoshida T, Tsukamoto K, Washitani I (2014) Do Japanese eels recruit into the Japan Sea coast?: A case study in the Hayase River system, Fukui Japan. *Environmental Biology of Fishes*, **97**, 921-928.

Kaifu K, Miller MJ, Yada T, Aoyama J, Washitani I, Tsukamoto K (2013) Growth differences of Japanese eels *Anguilla japonica* between fresh and brackish water habitats in relation to annual food consumption in the Kojima Bay-Asahi River system, Japan. *Ecology of Freshwater Fish*, **22**, 127-136.

Kaifu K, Miller MJ, Aoyama J, Washitani I, Tsukamoto K (2013) Evidence of niche segregation between freshwater eels and conger eels in Kojima Bay, Japan. *Fisheries Science*, **79**, 593-603.

Kaifu K, Miyazaki S, Aoyama J, Kimura S, Tsukamoto K (2013) Diet of Japanese eels *Anguilla japonica* in the Kojima Bay-Asahi River system, Japan. *Environmental Biology of Fishes*, **96**, 439-446.

Kaifu K, Tamura M, Aoyama J, Tsukamoto K (2010) Dispersal of yellow phase Japanese eels *Anguilla japonica* after recruitment in the Kojima Bay-Asahi River system, Japan. *Environmental Biology of Fishes*, **88**, 273-282.

Kimura S, Tsukamoto K, Sugimoto T (1994) A model for the larval migration of the Japanese eel: roles of the trade winds and salinity front. *Marine Biology*, **119**, 185-190.

Kim H, Kimura S, Shinoda A, Kitagawa T, Sasai Y, Sasaki H (2007) Effect of El Niño on migration and larval transport of the Japanese eel (*Anguilla japonica*). *ICES Journal of Marine Science*, **64**, 1387-1395.

Manabe R, Aoyama J, Watanabe K, Kawai M, Miller MJ, Tsukamoto K (2011) First observations of the oceanic migration of Japanese eel, from pop-up archival transmitting tags. *Marine Ecology Progress Series*, **437**, 229-240.

Melia P, Bevacqua D, Crivelli AJ, De Leo GA, Panfili J, Gatto M (2006) Age and growth of *Anguilla anguilla* in the Camargue lagoons. *Journal of Fish Biology*, **68**, 876-890.

Miller MJ, Chikaraishi Y, Ogawa NO, Yamada Y, Tsukamoto K, Ohkouchi N (2013) A low trophic position of Japanese eel larvae indicates feeding on marine snow. *Biology letters*, **9**, 20120826.

Minegishi Y, Aoyama J, Inoue JG, Miya M, Nishida M, Tsukamoto K (2005) Molecular phylogeny and evolution of the freshwater eels genus Anguilla based on the whole mitochondrial genome sequences. *Molecular Phylogenetics and Evolution*, **34**, 134-146.

Minegishi Y, Aoyama J, Tsukamoto K (2008) Multiple population structure of the giant mottled eel, Anguilla marmorata. *Molecular ecology*, **17**, 3109-3122.

Minegishi Y, Aoyama J, Yoshizawa N, Tsukamoto K (2012) Lack of genetic heterogeneity in the Japanese eel based on a spatiotemporal sampling. *Coastal Marine Science*, **35**, 269-276.

Moriarty C (2003) The yellow eel. In: Aida K, Tsukamoto K, Yamauchi K (eds.) *Eel Biology*. Springer-Verlag, 89-105.

Morrison WE, Secor DH (2003) Demographic attributes of yellow-phase American eels *Anguilla rostrata* in the Hudson River estuary. *Canadian Journal of Fisheries and Aquatic Science*, **60**, 1487-1501.

中坊徹次 編 (2013)『日本産魚類検索 全種の同定 第三版』東海大学出版会.

Nelson JS (2006) *Fishes of the World 4th edition*. John Wiley & Sons.

Oliveira K (1997) Movements and growth rates of yellowphase American eels in the Annaquatucket river, Rhode Island. *Transactions of the American Fisheries Society*, **126**, 638-646.

Palm S, Dannewitz J, Prestegaard T, Wickström H (2009) Panmixia in European eel revisited: no genetic difference between maturing adults from southern and northern Europe. *Heredity*, **103**, 82-89.

Patterson C (1993) Osteichthyes: Teleostei. In: Benton, M.J. (eds.), *The Fossil Record* 2. Chapman & Hall, 621-656.

Tsukamoto K (1992) Discovery of the spawning area for Japanese eel. *Nature*, **356**, 789-791.

Tsukamoto K (2006) Spawning of eels near a seamount. *Nature*, **439**, 929.

塚本勝巳 (2010) 回遊. In:塚本勝巳編『魚類生態学の基礎』恒星社厚生閣, 57-72.

塚本勝巳 (2010) 回遊. In:塚本勝巳 (編)『魚類生態学の基礎』恒星社厚生閣, 57-72.

Tsukamoto K, Arai T (2001) Facultative catadromy of the eel *Anguilla japonica* between freshwater and seawater habitats. *Marine Ecology Progress Series*, **220**, 265-276.

Tsukamoto K, Chow S, Otake T, Kurogi H, Mochioka N, Miller MJ,

Aoyama J, Kimura S, Watanabe S, Yoshinaga T, Shinoda A, Kuroki M, Oya M, Watanabe T, Hata K, Ijiri S, Kazeto Y, Nomura K, Tanaka H (2011) Oceanic spawning ecology of freshwater eels in the western North Pacific. *Nature Communications*, **2**, 1-9.

Tsukamoto K, Yamada Y, Okamura A, Kaneko T, Tanaka H, Miller MJ, Horie N, Mikawa N, Utoh T, Tanaka S (2009) Positive buoyancy in eel leptocephali: an adaptation for life in the ocean surface layer. *Marine biology*, **156**, 835-846.

Wakiya R, Hara Y, Azechi K, Mochioka N (2012) Natural riverine distribution of yellow-phase Japanese eels in the Aki River, Japan. Annual meeting of East Asia Eel Resource Consortium, Keelung.

Walsh CT, Pease BC, Hoyle SD, Booth DJ (2006) Variavility in growth of longfinned eels among coastal catchments of south-eastern Australia. *Journal of Fish Biology*, **68**, 1693-1706.

Yokouchi K, Kaneko Y, Kaifu K, Aoyama J, Uchida K, Tsukamoto K (2014) Demographic survey of the yellow-phase Japanese eel *Anguilla japonica* in Japan. *Fisheries Science*, **80**, 543-554.

Yokouchi K, Sudo R, Kaifu K, Aoyama J, Tsukamoto K (2009) Biological characteristics of silver-phase Japanese eels, *Anguilla japonica*, collected from Hamana Lake, Japan. *Coastal Marine Science*, **33**, 54-63.

② ニホンウナギの現状

　減少を続けているとされるニホンウナギ．ニホンウナギは現状のままでは絶滅するとみるべきなのか，また，どのような要因が個体数を減少させているのか．長期的な視点や別種の状況を交えながら，ニホンウナギがおかれている現状を整理する．

2.1　個体群の危機

　ニホンウナギの個体群サイズ[1]は，現在急速に縮小していると考えられる．個体群サイズの動態，および絶滅危惧種に指定された経緯をたどることで，ニホンウナギが直面している危機を描き出してみる．

---

[1] ある生物種の全個体数や全質量（バイオマス）を示す言葉として，水産学では「資源量」(stock size)，生態学では「個体群サイズ」(population size)が使用される．本稿ではニホンウナギを水産資源としてのみでなく，一つの野生生物としても捉えているため，「資源量」という言葉は使用せず，「個体群サイズ」を用いる．

個体群動態

　ニホンウナギの漁獲量は，急激に減少している．農林水産省がまとめている漁業・養殖業生産統計によると，日本の内水面[2]における黄ウナギ・銀ウナギの漁獲量（いわゆる天然ウナギ）[3]は，1960年代には3000 t前後であったが，2011年には229 t，2013年にはわずか149 tにまで減少した（図2.1）．

　漁獲量は，漁業者の数や消費動向，漁法の変化といった社会的要因の影響を大きく受ける．このため，個体群サイズを推測するには，何人の漁業者，または何艘の船が何日間操業したのか，といっ

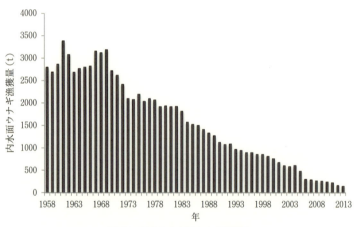

図2.1　日本の内水面ウナギ漁獲量
農林水産省のまとめた「漁業・養殖業生産統計」による．

---

[2] 日本の漁業は，河川や湖沼で行われる内水面漁業と，海で行われる海面漁業とに大別される．
[3] 統計では種を分けていないために，ニホンウナギ以外のウナギが混入している可能性も否定はできないが，一部の例外を除き，日本国内で漁獲されたウナギのほとんどはニホンウナギと考えられる．

た漁獲努力量[4]に関するデータと合わせた分析が必要となる.

　最近,漁獲努力量を考慮してニホンウナギの個体群サイズを推測した研究の成果が発表された.この研究では,1950年以降環境がまったく変化していないと仮定した場合,環境変化によって死亡率が上昇した場合など,複数のシナリオを提示している.近年のニホンウナギの生息環境の悪化をふまえ,現状に最も適合すると考えられるシナリオを選択すると,やはりニホンウナギの個体群サイズは減少を続けていると考えるのが妥当なようだ(図2.2).

　ニホンウナギの分布範囲が縮小を始めている可能性もある.江戸時代には豊富にウナギが漁獲された日本海沿岸地域において,シラスウナギの加入が確認されなくなり,中国沿岸域においても,北部および中部においてシラスウナギの漁獲が激減しているという.生物の分布域の縮小は,個体群の減少に起因する場合が多い.データは十分ではないが,入手可能な情報を総合すると,やはりニホンウナギの個体群サイズは縮小していると考えるのが妥当である.

絶滅危惧種

　2013年2月,環境省は,第4次レッドリストでニホンウナギを絶滅危惧IB類に指定したことを公表した.ついで2014年6月,IUCN(国際自然保護連合)の発表したIUCN Red List of Threatened Species 2014.1に,本種は「Endangered(絶滅危惧IB類[5])」として記載された.レッドリストは生物種の絶滅リスクを評価し,そのリスクに応じたカテゴリーに分けてリストアップしたものである.

---

[4] 漁獲量を漁獲努力量で割った値をCPUE(catch per unit of effort,単位努力量あたりの漁獲量)といい,密度の指標と考えることができる.

[5] IUCNレッドリストのカテゴリーには複数の訳語があるが,本書では混乱を避けるため,環境省と同じ表記を用いることとした.

Box 1 「漁業・養殖業生産統計」のシラスウナギ漁獲量データ

　シラスウナギの漁獲量データには，本文で紹介した，水産庁が使用している数値と都道府県に報告された数値のほか，農林水産省がまとめている漁業・養殖業生産統計に記載されている数値が存在する．この統計には，海面漁業における「しらすうなぎ」の漁獲量と，内水面漁業における「天然産種苗」の漁獲量が記載されてきた．

　内水面漁業における「天然産種苗」は，シラスウナギを意味していると考えられていたが，実態は異なっていたことが近年明らかにされた．水産総合研究センターの研究によれば，ウナギ養殖においてシラスウナギを養殖種苗として使用するようになったのは1970年代以降である．シラスウナギは1個体で0.2 g程度だが，1960年代以前はもっと大きな，1個体5〜20 gの黄ウナギが種苗として使用されていたという．

　近年のデータにも問題がある．2009年には新潟県の信濃川で1 tの「天然産種苗」の漁獲が記録されているが，新潟県によれば，漁業調整規則によって25 cm以下のウナギの捕獲は禁止されており，この年を含めて近年，シラスウナギを漁獲するために必要な特別採捕許可は一切交付されていないという．統計を取りまとめている農林水産省の統計官房に問い合わせた結果，これはシラスウナギではなく，25 cm以上の大きさのウナギであるとの回答を得た．

　漁業・養殖業生産統計における「天然産種苗」はシラスウナギではなく，「養殖に用いるウナギ」を示しているという．このためどのようなサイズのウナギであっても，養殖に用いさえすれば，「天然産種苗」の漁獲量にカウントされる．

　漁業・養殖業生産統計は，その歴史を1950年以前にまで遡ることができる，貴重な統計資料である．しかし，対象の設定には問題があるため，ニホンウナギの保全や持続的利用を目的とした解析に，この統計資料を利用することは難しい．この統計が開始された頃には，水産業の動態把握こそが重要な課題であり，資源の動態を把握することは

重要視されていなかったと想像される．水産資源の持続的利用が求められる現在，統計の在り方を根本から見直す必要がある．

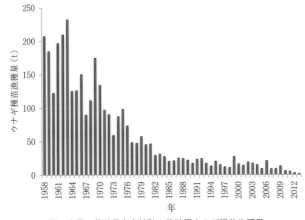

図　漁業・養殖業生産統計の養殖用ウナギ種苗漁獲量
内水面における「天然種苗」と海面における「しらすうなぎ」漁獲量の合計．

　環境省のレッドリストは日本国内に生息する生物種を対象とし，IUCN のそれは世界中の生物を対象とする．環境省の絶滅危惧 IB 類と IUCN の Endangered は同等のカテゴリーとされており，例えば環境省の第 4 次レッドリストではアマミノクロウサギ (*Pentalagus furnessi*) が絶滅危惧 IB 類に，IUCN のレッドリストではジャイアントパンダ (*Ailuropoda melanoleuca*) やシロナガスクジラ (*Balaenoptera musculus*) が Endangered に指定されている．異なる種の絶滅リスクを単純に比較することはできないが，これら，希少種であることを誰もが知っている動物と同等のカテゴリーに指定されるほど，ニホンウナギの現状が危機的であると判断されたのである（**図 2.3**）．

　IUCN によるウナギ属魚類の評価には，筆者も専門家の一人と

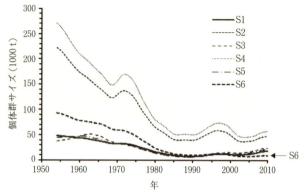

図 2.2　漁獲努力量を用いたニホンウナギの個体群動態の推測例

S1 から S6 は，異なる仮定に基づいた計算結果（Tanaka 2014，図 9 を改変）．S1 は 1950 年以降，日本の河川や沿岸域の環境にまったく変化がなく，自然死亡率も上昇しなかったと仮定した場合．S2 は初期死亡率（シラスウナギの来遊後一年間の自然死亡率）を低く見積もった場合．S3 は初期死亡率を高く見積もった場合．S4 は初期死亡率も，その後の死亡率も低く見積もった場合．S5 は初期死亡率とその後の死亡率の双方を高めに見積もった場合．S6 は初期死亡率を高めに見積もり，さらにその後の死亡率が 1970 年から 2000 年までの間に 1.5 倍に上昇したと仮定した場合．第 2 章 2.4「生息域喪失（habitat loss）とニホンウナギの減少」で紹介するような，1970 年以降の東アジアの河川や沿岸域の環境変化を考慮すると，これらのシナリオの中では，S6 が最も現実に近いのではないだろうか．

して参加した．ニホンウナギの評価は，入手可能なデータの制限から，個体群サイズの動態に関する「3 世代または 10 年のうち，どちらか長いほうの期間における個体群サイズの縮小率」が基準として用いられた．この基準では，減少の要因が解明されており，しかも解決可能な場合は，縮小率が 90% 以上で「Critically Endangered（絶滅危惧 IA 類）」，70% 以上で「Endangered（絶滅危惧 IB 類）」，50% 以上で「Vulnerable（絶滅危惧 II 類）」にランクされる．一方，減少の要因が不明または解決不可能である場合，縮小率が 80% 以上で絶滅危惧 IA 類，50% 以上で絶滅危惧 IB 類，

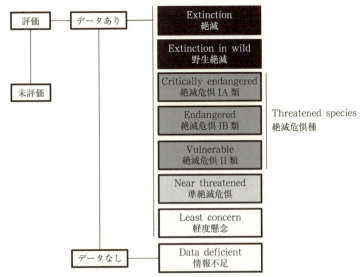

図 2.3 IUCN（国際自然保護連合）のレッドリストカテゴリー
絶滅のリスクが高いものから順に，Critically endangered（絶滅危惧 IA 類），Endangered（絶滅危惧 IB 類），Vulnerable（絶滅危惧 II 類），Near threatened（準絶滅危惧），Least concern（軽度懸念）に分類される．

30％以上で絶滅危惧 II 類となり，減少の要因を取り除くことができない場合には，より厳しい評価がなされる．ニホンウナギの減少の要因は特定されておらず，したがって取り除くことも不可能であるため，評価においては後者の数値基準が適用された．

評価の中ではまず，ニホンウナギの世代時間（雌が生まれてから最初の子孫を作るまでの時間）を，学術論文に基づいて 10 年と推測した．このため，3 世代時間は 30 年と，10 年よりも長くなるため，本種の場合は「3 世代時間（30 年間）における個体群サイズの縮小率」が基準として用いられた．次に，3 世代時間における個体群サイズの縮小率を求めることになるが，東アジア各国の中では最

Box 2　ワシントン条約

　IUCN のレッドリストは科学的に絶滅リスクを評価するが，具体的な規制には直結しない．これに対し，個体群の減少が危惧される生物種について，絶滅リスクの低減を目的として国際取引の規制を行うのが，いわゆるワシントン条約 (CITES) である．ワシントン条約のうち，ウナギが関係するカテゴリーには附属書 I と II の二つのランクがある．ジャイアントパンダのように附属書 I に記載されると，商業目的の国際取引は全面的に禁止され，ヨーロッパウナギのように附属書 II に記載されると，国際取引には輸出国の許可が必要になる．

　現在，ニホンウナギがワシントン条約の規制対象となるかどうか，その行方が注目されている．本書が刊行される時期には，2016 年 9 月に開催される第 17 回締約国会議でニホンウナギの規制に関する議論が行われるかどうか，決着がついているだろう．ニホンウナギがワシントン条約の対象種となる場合，ヨーロッパウナギの例を考慮しても，附属書 I ではなく，附属書 II への記載になると想定される．附属書 II に記載された種は，輸出国の許可によって取引が可能になるが，許可証の発行には，当該取引が個体群の存続に影響を与えないことを証明する無害証明 (non-detriment findings, NDF) が必要とされる．ニホンウナギの無害証明を発行することは，データ不足から困難と考えられるため，附属書 II へ掲載されれば，ニホンウナギを合法的に輸出入することは，事実上不可能になるだろう．

　ワシントン条約の審議では，IUCN の評価結果が大きく影響するとも報道されているが，IUCN における評価とワシントン条約における評価が必ずしも同様とは限らない．IUCN のレッドリストで最も絶滅の危険が高いとされる絶滅危惧 IA 類にランクされているヨーロッパウナギがワシントン条約では附属書 II に記載され，絶滅の危険が低いとされる軽度懸念にランクされているミンククジラ (*Balaenoptera acutorostrata*) は，ワシントン条約では附属書 I に掲載されている．IUCN では科学的データに基づいて専門家が評価を行うが，ワシントン条約では締約国

> の投票によって対象種が決定するというように，評価手法が異なるからである．
>
> 　ニホンウナギの国際取引を，ワシントン条約によって規制するべきか．これは，判断が難しい問題である．現状のまま事実上無規制の消費を続ければ，個体数はさらに減少するだろう．その一方で，国際取引が規制されることになれば，業界への経済的な打撃は大きい．この問題は一見，消費と保全という，二者択一を迫るものにも見えるが，持続的利用という，両方を同時に追求する選択肢があるはずだ．それこそが，ワシントン条約や，より広範な領域をカバーする生物多様性条約などの国際的な枠組みが目指しているものである．

もデータの充実している日本でさえ，利用可能なおもなデータは，前述の「漁業・養殖業生産統計」として農林水産省が取りまとめているウナギの漁獲量であり，個体群サイズの変動を考えるために必要な，漁獲努力量に関するデータが入手可能であったのは，いくつかの湖などに限られていた．このような状態の中で，ニホンウナギ全体の個体群サイズの変化を推測することは非常に難しい．IUCNの評価では，日本の黄ウナギ・銀ウナギの漁獲量の変動，日本・台湾・中国のシラスウナギ漁獲量の変動，取引価格の推移と消費動向などから，三世代時間で，少なくとも50％以上は個体群サイズが縮小していると推測し，ニホンウナギを絶滅危惧種に指定した．

　データが限られている状況で下されたIUCNの判断が，保全の動きを押し進めるための恣意的な評価と捉えられる場合もあるだろう．しかし，評価に参加した研究者，および名目上は参加していないが，意見を寄せたいずれの研究者も，この決定に対する異論はなかった．むしろ，ニホンウナギの評価における最大の焦点は，二番目に絶滅リスクの高い絶滅危惧IB類に当てはめるべきか，または最上位の絶滅危惧IA類にするべきか，という点にあった．2014年

に発表された IUCN のレッドリストでは，ニホンウナギは最高ランクの絶滅危惧 IA 類には指定されなかった．しかしそれは，ニホンウナギの現状がそれほど危機的ではないと判断されたのではなく，当時の評価においては，絶滅危惧 IA 類と判断するに足る明確な科学的根拠，具体的には個体群サイズの 3 世代の縮小率が 80% 以上と推測できるだけの精密なデータがなかったからに過ぎない．

ニホンウナギは絶滅しない？

環境省と IUCN によってニホンウナギは絶滅危惧種と評価された．それでは，本当に近い将来，ニホンウナギは絶滅してしまうのだろうか．この可能性，つまり，数年または数十年のうちに，最後のニホンウナギが死亡する可能性について，否定的な意見もある．

ニホンウナギの個体数が多いことが，その根拠として取り上げられる．一般的に絶滅確率は，島嶼部などに生息する，個体数が少ない生物で高く，個体数が多い生き物では低い．前述のように日本の河川では，2013 年に 149 t のウナギの漁獲が記録されている．1 個体の体重を 500 g と大きめに見積もっても，29 万 8000 個体であり，漁獲されていない個体や，河川ではなく沿岸域に生息する個体や，日本以外の国々に分布する個体を含めれば，数百万，または 1000 万以上の個体数になるだろう．その一方で，IUCN のレッドデータブックにおいて同じ絶滅危惧 IB 類にランクされているジャイアントパンダの個体数は，1000 から 2000 頭と推測されている．

産卵場の安全性も，絶滅リスクを考えるうえで重要な意味を持つ．産卵場が利用できなくなるなど，繁殖が阻害されると，種の絶滅リスクは大幅に高まる．現在，淡水魚の多くがその数を減らし，絶滅の危機にあるとされているが，それらの多くは，人間活動の影響を強く受ける，淡水域で産卵を行う．一部の種では，人

間の活動によって産卵場が破壊される,または産卵場へ移動する経路が断たれることが,個体数の減少に大きな影響を与えている.国の天然記念物に指定されているイタセンパラ (*Acheilognathus longipinnis*) やミヤコタナゴ (*Tanakia tanago*) を含むタナゴ類は,絶滅が危惧されている種を多く含む.彼らはイシガイ (*Unio douglasiae*) などの二枚貝の中に卵を産みつける,特殊な産卵生態を持っているため,産卵の場となる二枚貝の数が少なくなれば,個体群は大きな打撃を受ける.その一方で,ニホンウナギの産卵場は人間の活動から遠く離れた外洋にあり,比較的安全であるといえる.

しかし,個体数が多く,産卵場が比較的安全な遠い外洋にあることを理由に,ニホンウナギの絶滅リスクを低く見積もる考え方には,慎重に考慮すべき点がある.例えば,個体数が多い生物にも絶滅の例は存在する.一説には 50 億以上と,かつてアメリカ合衆国において世界最大級の個体数を誇ったリョコウバト (*Ectopistes migratorius*) は,ヨーロッパからの移民が流入したのち 100 年あまりで激減し,1914 年に絶滅した.絶滅の主要な要因は,狩猟と森林の伐採による生息域の環境変化と考えられている.

さらに,個体数が多くとも安全とは限らないことを示すもう一つの例として,ユーラシア大陸全域に分布し,北半球で最も個体数が多い鳥類の一つだったシマアオジ (*Emberiza aureola*) をあげることができる.1980 年には数億個体が生息していたにもかかわらず,行き過ぎた狩猟によって 2013 年までに 84.3% から 94.7% の個体が喪失したと報告されている.

リョコウバトとシマアオジは,「渡り」を行う渡り鳥である.渡りとは,回遊と同じように,季節や成長段階によって住む場所を変

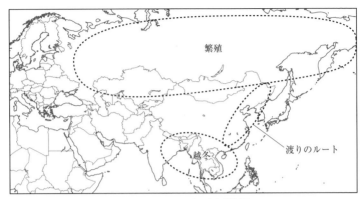

図 2.4 シマアオジの生息域利用
ユーラシア大陸北部の広い範囲で産卵と子育てを行い,東南アジアで越冬する.この二つの地域を移動する渡りのルートは,中国の沿岸域と考えられている(Kamp *et al.* 2015 を参考にして作成).

える行動を指す[6].例えばシマアオジは,ユーラシア大陸北部で産卵してヒナを孵し,秋にはユーラシア大陸から中国の沿岸域を経由して東南アジアへ移動して越冬する(**図 2.4**).春には再び東南アジアから中国沿岸を経由して,それぞれの産卵場へと拡散する.

渡り鳥は産卵場が安全であったとしても,渡りのルートの一部を阻害されれば,繁殖が困難になり,個体数が減少する.シマアオジの渡りのルートである中国では,食用の野鳥としてシマアオジの人気が高く,多くの個体が渡りの途中で捕獲される.中国におけるシマアオジの捕獲は 1997 年に禁止されたが,違法な狩猟が後を絶たず,個体数の減少は現在も進行しているという.

渡りを行う鳥類と同様に,回遊を行う魚類の場合,回遊ルートの

---

[6] 日本語では,鳥類の季節的移動を「渡り」,魚類のそれを「回遊」というが,英語ではどちらも「migration」と表記する.

一部が阻害されることによって，子孫を残すことが難しくなり，個体数が減少する可能性がある．特に海と川を行き来する通し回遊魚の場合は，人間の生活圏に近い河川や湖を生活史の一時期に利用するため，人為的な回遊ルートの阻害が起こりやすい．

通し回遊魚は一般的に，決まった季節に，決まった場所を，決まった方向に移動する．多くの個体が画一的な行動をとる回遊期には，回遊ルートで待ち構えている人間に，容易に捕獲される．ニホンウナギの場合，冬から春にかけて河口域に進入するシラスウナギは，子どもでもタモ網ですくい取ることができる．定置網を使えば，下流から上流へ向かうシラスウナギを一網打尽にすることも可能である[7]．

通し回遊魚の回遊ルートにおける脅威は，食用とするための漁獲だけではない．本章 2.4「失われる海と川と水田のつながり」で詳しく述べるが，河川に設置された河口堰やダム，落差工などさまざまな河川横断工作物は，物理的な障害として，ニホンウナギの移動を阻む．

リョコウバトの絶滅，シマアオジの個体数激減，そして通し回遊魚特有の回遊ルートの脅威を考慮すると，個体数が多いから，産卵場が比較的安全だからといって，ニホンウナギの絶滅確率が低いと断定するのは早計だろう．

個体群サイズを縮小させる要因だけでなく，回復を図るための対策について考察してみると，ニホンウナギがおかれている状況はより明白になる．前述のジャイアントパンダやイタセンパラ，ミヤコタナゴについては，個体数の監視が行われ，捕獲が全面的に禁止され，繁殖を促進する対策が実施されるなど，手厚い保護が実施され

---

[7] 漁具については，本章 2.3「日本のシラスウナギ漁業」を参照．

ている.これに対してニホンウナギの場合は,本章 2.3「危機の要因(2)—過剰な漁獲」で紹介するように,実質的に無制限の漁獲が行われ,河川に設置された多くの横断工作物によって回遊が阻害されている.現状を維持する限り,ニホンウナギの個体数が減少を続けることは確実であり,その絶滅リスクを過小評価することはできない.

予防原則という考え方

「ニホンウナギは絶滅するかも知れない」との情報を,どのように捉えるべきなのか.「絶滅するかもしれない」は,「絶滅しないかもしれない」と読み替えることができる.二つの表現は大きく異なる印象を与えるが,予防原則の考え方に従い,前者の表現を用いるのが妥当だろう.

一度絶滅した生き物は,取り戻すことができない.予防原則とは,生物の絶滅のように結果が重大である問題について,最悪の事態を想定して行動するという考え方である.例えば,目の前に壊れかけた(実際には,壊れかけているように見える)橋があったとする.橋を渡れば壊れる可能性もあるが,壊れないで無事に渡れる可能性もある.橋が架けられている場所はある程度の高さがあり,壊れて落ちれば生命に関わる怪我をする.このような,もしも橋が壊れて落ちた場合の被害が大きいときに,「渡らない」と判断する,または渡っている途中に橋が壊れても落ちないように命綱などの準備をするのが,予防原則に沿った行動である.

「個体数が多いから絶滅しないだろう」と考え,ニホンウナギの現状を放置することは,壊れかけた橋を,無防備のまま渡ることと同じである.橋を渡っても壊れないという楽天的な可能性に賭けるのはリスクの高い博打であり,そのような博打を受け入れる社会

に，持続的な発展は望めないだろう．

リョコウバトが絶滅する前，個体数の減少に気づき，保護を訴える動きも存在した．しかし，「まだたくさんいるから大丈夫ではないか」との声に押され，ついには絶滅という最悪の結果を招くことになった．ニホンウナギがリョコウバトと同じ道をたどらないようにするためには，予防原則に基づいた行動を取る必要がある．

2.2 危機の要因(1)——海洋環境の変動

ニホンウナギの減少を引き起こしている要因は，ほかの多くの種と同様，複合的なものであり，(1) 海洋環境の変動，(2) 過剰な漁獲，(3) 成育場の環境変化が重要とされている．

海洋環境の変動とニホンウナギ

前章で述べたように，ニホンウナギはマリアナ諸島西方の海域で生まれ，その後東アジアの成育場まで海流によって輸送される．このため海流など，海洋の状況が変化すれば，産卵場の位置や移動経路には大きな影響があるだろう．

南北に連なる海山列と，東西方向に形成される塩分フロントの交差する海域に形成される産卵場の位置には，年による変動がある．例えばエルニーニョ（チリ沖の海水温が平常より上昇する現象）が生じている期間には，塩分フロントが南方へ移動することが知られている．塩分フロントとともに産卵場が南下することにより，成育場がある北方向ではなく，南方向へ輸送されるニホンウナギの稚魚の割合が増加し，東アジアに来遊するシラスウナギの量が減少すると考えられている．また，稚魚が移動する経路に発生する渦の数が生残率に大きな影響を与えているという報告も存在する．稚魚が渦に取り込まれることによって，産卵場から成育場への移動に時間が

かかり，飢餓や被食による死亡率が増加する可能性が示唆されている．

ニホンウナギ分布の歴史的変動

海洋環境の変動がニホンウナギ個体群に大きな影響を与えている可能性については，理論では想定できても，実際に個体群が受ける影響を把握することは難しい．そこで筆者らは，漁獲や人為的な環境変化による影響が現在と比較して非常に小さかった先史時代から江戸時代にかけて，ニホンウナギ分布の変動を明らかにするための研究を行った．

研究は，分布域の北限に近く，分布の変化が生じやすいと考えられる福井県三方五湖をおもな調査地とし，福井県若狭町立縄文博物館の協力を得て進めた．まず，先史時代のウナギの分布を推定するにあたっては，縄文時代のゴミ捨て場である貝塚遺跡の出土物を利用した．三方五湖の湖畔には，縄文時代より人間が暮らしていたことを示すいくつかの遺跡があり，その中には縄文時代草創期から前期，およそ11,000年前から4000年前までの間に湖から得られた食料などを捨てていた鳥浜貝塚が含まれる．この貝塚では，コイ・フナなど河川に生息する魚類の骨が多く発見されており，その保存状態も良好である．しかし，これまでにウナギの骨はまったく出土していない．コイ・フナの骨が出土したことは，周辺の淡水域において漁労が行われていたことを示している．ウナギはコイ・フナと比べて，捕獲に特別な技術や道具を必要とせず，釣りやヤスで突くことによって比較的容易に採集することが可能である．それにもかかわらず，貝塚からウナギの骨が出土しないことから，およそ11,000年前から4000年前までの間，福井県三方五湖の周辺にウナギは生息していなかったか，または非常に生息数が少なかったと推測され

る．

　福井県の1ヶ所の遺跡だけでなく，日本列島の状況をあわせて知るために，総合研究大学院大学の貝塚遺跡データベース[8]，および，過去に発表された研究論文および個別の発掘調査報告書等を利用して，日本全国の2,661件の遺跡における，ウナギの骨の出土状況を調査した．その結果，129の遺跡で縄文時代に属するウナギの骨の出土が認められた（**図 2.5**）．それらの遺跡は太平洋側に偏って

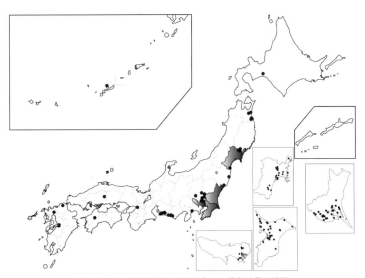

図2.5　ウナギ属魚類の骨が出土した縄文時代の遺跡

ウナギ属魚類の骨が出土した遺跡は，マリアナの産卵場で生まれたニホンウナギを輸送する黒潮に近い，東シナ海および太平洋側に偏っており，日本海沿岸では対馬海峡の入り口に近い福岡県の遺跡のみである（小島ら2012，図2より改変）．

---

[8] 総合研究大学院大学＞データベース一覧＞貝塚遺跡
　http://aci.soken.ac.jp/databaselist/BA001_01.html（最終アクセス 2016年4月4日）

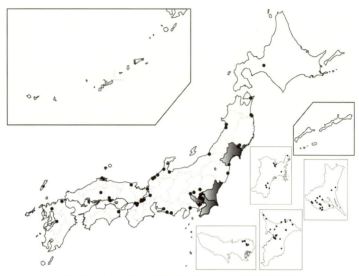

図 2.6 コイ・フナ属魚類の骨が出土した縄文時代の遺跡
ウナギ属魚類と異なり，日本海沿岸からも出土している．なお，出土した遺跡の数は太平洋側のほうが多いが，その理由の一つは，土地開発が進んだ太平洋岸で遺跡の発掘が多く行われたことにある（小島ら 2012, 図3より改変）．

おり，日本海側で確認されたのは，唯一日本海の入り口である対馬海峡に隣接する，福岡県の新延貝塚のみであった．その一方で，コイ・フナ属魚類の骨が出土した112の遺跡は，日本海側と太平洋側の両側に分布し，その割合に統計的に有意な差は見いだされなかった（図 2.6）．

太平洋側と日本海側とで，コイ・フナ属魚類の遺体が同じように出土していることから，縄文時代の日本列島では広く淡水魚が漁獲され，消費されていたと考えられる．それにもかかわらず，ウナギ遺体が日本海側の遺跡から出土しない理由は，漁具や漁法，骨を残さない利用法などの文化的な要因というよりは，縄文時代に日本海

沿岸域へのシラスウナギの遡上がなかった，または著しく少なかったと考えるのが妥当だろう．

　史料の豊富な江戸時代については，ウナギに関する記述を含む文献を利用して，分布を推測した．三方五湖を含む福井県の若狭地方に伝わる，明治時代以前の文献資料では，1609年から1909年までの23件の文献にウナギの漁獲に関する記述が認められた．最古のものは，『吉田吉兵衛家文書』に含まれる「佐々加賀守・龍崎図書連署下知状」（慶長14（1609）年12月9日付け）である．これは三方五湖に面した村同士の漁業に関する争論に対して，小浜藩奉行が出した文書であり，ウナギの延縄漁は禁止と申し渡されている．この文書以外にも，ウナギ漁をめぐる争論を示す文書が8件見いだされた（図2.7）．ウナギ漁をめぐる抗争があったことは，当時の三方五湖には，少なくとも複数の人間がそれを生業とできるだけのウナギが生息していたことを示している．

　縄文時代にはほとんどウナギが分布していなかった日本海沿岸の若狭地方において，1609年以後の近世各期には生息を推測できる文書が複数存在する．この地域で始めてウナギが放流されたのは1897年（明治30年）と記録されているため，これ以前の文献に記述されたウナギは，放流によって導入されたものとは考えにくい．縄文時代から江戸時代の間に，何らかの要因でウナギの分布が変化し，日本海沿岸地域にもウナギが加入するようになった．その要因は，放流など人為的な影響よりも，海流の変化など，海洋環境の変動に求めるのが妥当だろう．

　海洋環境の変化は，ニホンウナギ個体群に多大な影響を与える．しかし，人間の短期的な働きかけによって，海洋環境をニホンウナギの回遊に適する状態に改善することは不可能である．人為的な要

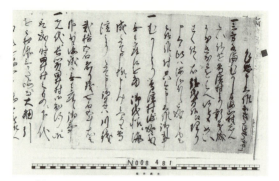

図 2.7 「鳥浜村鰻縄漁ニ付海山村訴状」慶安二年（1649 年）の冒頭

「乍恐申上候（おそれながらもうしあげそうろう）」に続き，鳥浜村で行われている延縄漁（うなきなわ）について，隣接する海山村が「何ともめいわく仕候」と，以下のように訴えている（福井県文書館所蔵）．

一，三方水海むかしより海山村ニしんたい仕候を，鳥浜村より新義成うなきなわをはへ何ともめいわく仕候，右御代官様江理り申上候得ハ，海さほし被成候由被仰候ニ付只今申上候御事，

一，むかしより鳥浜村ニ海成ハ少も無御座候を，当御代様ニ海成たて申様ニ申かけ候へとも，鳥浜よりたて申御米ハ川銭弐拾五石・えり銭七石五斗，右之外ニ少も海成ハ無御座候御事，（以下略）

因に基づく温暖化の進行を防止し，それに由来する海洋環境の変動を最小限にとどめる努力は重要だが，ニホンウナギ個体群の回復を目的としたとき，積極的な対策が必要とされるのは，これから紹介する過剰な漁獲と，成育場の環境変化の二点である．

2.3 危機の要因(2)——過剰な漁獲

人間の食料は，穀物や野菜，家畜などに代表される，田畑や牧場で人間が育成するものと，大部分の魚介類のように，自然環境下で育った生き物を採集・捕獲するものとに大別される．後者については，採集・捕獲が生き物の増殖する速度を越えると，その生物の個体数が減少し，持続的な利用が不可能になる．漁業がニホンウナギ

個体群に与えている影響を考察するため，ニホンウナギ漁業の現状を概観する．

日本のシラスウナギ漁業

ウナギは牛やブタなどの家畜のように，誕生から繁殖までを飼育下で全うさせることには，現在のところ多くの困難がある．このため，食用のために養殖されるウナギは現在，そのすべてが天然環境下で生まれたウナギの稚魚を捕獲したものである．産卵場から海流に乗って成育場にたどりついたシラスウナギを，河川の河口などで捕獲し，養殖に用いる．地中海沿岸諸国の一部では，低温の油で煮たシラスウナギを食べる文化が存在するが[9]，日本で漁獲されたシラスウナギは，直接食用とされることはなく，そのほとんどすべてが養殖に利用される．漁具には，タモ網や定置網が用いられる（図 **2.8**）．シラスウナギは上げ潮に乗って河口に進入する12月から5月くらいまでの期間，夜間に河口域で灯をかざしてシラスウナギを捕獲している漁業者の姿を見ることができる．

水産庁発表の資料[10]によると，ここ数年でも漁獲の多かった2014年の国内シラスウナギ漁獲量は 17.4 t，個体あたりのシラスウナギの体重を 0.2 g とすると，8700万個体が漁獲されたことになる．業界紙の日本養殖新聞によれば，同年の東アジア全体（日本，中国，韓国，台湾）のシラスウナギ漁獲量は 91.4 t，個体数にして4億

---

[9] スペインのガルシア地方で有名な料理だが，ヨーロッパウナギの激減に伴うシラスウナギの価格高騰で，現在は非常に高価な，特別の料理となっている．このため，練り製品（日本から技術が導入されたので，スペインでも Surimi と呼ばれる）で作られた安価な模造食品が販売されている．

[10] 水産庁＞ウナギをめぐる状況と対策について
http://www.jfa.maff.go.jp/j/saibai/unagi.html（最終アクセス 2016年4月25日）

図 2.8 シラスウナギを漁獲するための漁具
たも網：手に持って，シラスウナギをすくい取る．布ではなく，金属製の網が用いられている．（写真：吉永龍起）
小型定置網：開口部を下流に向けて設置する．網の中に進入したシラスウナギは，胴に複数存在する「返し」によって，外に逃げられなくなる．黄ウナギ漁や銀ウナギ漁でも，同じ形式の網が使用される．産卵回遊に向かう銀ウナギを捕獲するときは，開口部を上流に向けて設置する．

5700 万個体である．2000 年代のシラスウナギの総来遊量を 10 億から 20 億個体と推測する報告もあり，その場合，およそ 4 分の 1 から半数のシラスウナギが漁獲されていることになる．

　ニホンウナギは，ほかの多くの魚類と同様に，大量の子どもを産み，そのほとんどが死亡する，多産多死型の生き物である．このため，一部の稚魚を人間が養殖に用いたとしても，個体群に与える影響は少ないと主張されることもある．問題は，どの程度までなら捕ってもよいのかわかっていないこと，漁獲量を削減する機能を果たす量的な規制が事実上存在しないこと，そして，違法な漁獲や売買（密漁・無報告漁獲・密売）を取り締まるためのシステムが機能していないことにある．これらの問題については，後段ならびに，第

3章 3.3「より望ましい対策 漁業管理」で詳しく紹介する.

シラスウナギの密漁と密売

シラスウナギの漁獲量には,前段で紹介した水産庁が使用している数値のほかに,シラスウナギ漁を管理している都府県[11]が,シラスウナギを漁獲するために必要な特別採捕許可を交付した漁業者から受けた報告を取りまとめたものがある.これらの数値を用いて,野生生物の取引を監視する国際 NGO,TRAFFIC は,日本におけるシラスウナギの違法漁獲・違法取引の実態を明らかにした.

水産庁が使用している数値は,国内の養殖場が養殖池に入れたシラスウナギの量(池入れ量)の合計から,シラスウナギの輸入量を差し引いたものである.この数値によると,2014 年漁獲期の日本のシラスウナギ漁獲量(池入れ量 − 輸入量)は,17.4 t であった.一方で,全国 25 の都府県に特別採捕許可の結果として報告された 2014 年の漁獲量をまとめると約 8 t であり,二つの数値には約 2.1 倍,9.3 t の差がある.

水産庁と都府県の数値の差は,実際に養殖に利用されたシラスウナギの漁獲量と,正規の漁獲として報告された漁獲量の差,つまり,未報告の漁獲量である.この中には,許可を得ずに行われた密漁と,許可を得て漁獲したシラスウナギの量を過小報告し,未報告の漁獲物を販売したものが含まれている.いずれにせよ,日本で漁獲されたシラスウナギの半分以上は,密漁・無報告漁獲・密売されたものであり,これらのウナギは通常の流通を経て,一般の外食店や家庭の食卓に上っている.

シラスウナギの密漁や密売は反社会的組織の資金源となっている

---

[11] 北海道ではシラスウナギ漁業は行われていない.

Box 3　シラスウナギの密漁・無報告漁獲・密売と県外販売制限

　国内で漁獲されたシラスウナギの半分程度は非正規に流通したものだが，その理由の一つに，県外への販売制限があると考えられる．ウナギ養殖が盛んな県では，捕獲されたシラスウナギの県外への販売を制限している場合が多い．業界紙である日本養殖新聞の調べでは，千葉県，静岡県，和歌山県，愛媛県，大分県，宮崎県，鹿児島県において，何らかのかたちで県外へのシラスウナギ販売が制限されている．

　同じく日本養殖新聞によれば，2014年シーズンで1000 t 以上の養殖生産量を記録した県は，生産量が多い順に鹿児島県，愛知，宮崎県，静岡県であり，ウナギ養殖の盛んな県で，県外へのシラスウナギ販売を制限しているケースが多いことがわかる．したがって県外への販売制限は，「県内で漁獲されたシラスウナギは，県内の経済（ウナギの養殖）に寄与するべき」という考え方に基づいていると想像される．

　これらの県において，県内のシラスウナギの流通価格は，全国の市場価格よりも低い．そうでなければ，県内の養殖業者は他県のシラスウナギを購入し，県外販売制限は，その存在意義を失う．

　シラスウナギを採捕する漁業者や問屋としては，規則に則って県内で販売するよりも，規則を破って県外に売ったほうが，高い利益を得ることができる．規則に違反して県外へ販売した場合，その漁獲量が行政に対して報告されることはない．県外への販売制限が，シラスウナギの密漁と無報告の漁獲，密売を促進している現状が推測される．

　同様に，現在は日本と台湾の間のシラスウナギの取引も制限されているが，この制限もシラスウナギの密輸の増加に寄与している可能性が指摘されている．

　シラスウナギの密漁や無報告の漁獲，密売が横行している現状では，シラスウナギ漁業を適切に管理することは不可能だろう．違法な漁獲と売買を減少させ，シラスウナギの漁獲から食品として提供されるまでの流通過程を追跡できる，新しい流通システムを構築することが，資源管理のための喫緊の課題となっている．

との指摘もある．シラスウナギ漁は灯りとタモ網さえあれば誰にでもできる簡便な漁であり，また，捕獲したシラスウナギは宅急便などを利用して簡単に輸送できるため，密漁や密売を取り締まることは容易ではない．しかし，日本の誇るべき伝統であるウナギ食文化が，密漁と密売によって支えられている現状は，早急に対策を考えるべき問題である．

日本の黄ウナギ・銀ウナギ漁業

沿岸域から河川の上流域や湖沼まで幅広く分布するニホンウナギの黄ウナギおよび銀ウナギの漁は，内水面でも海面でも広く行われる．成育期の黄ウナギを捕獲するための漁法には，穴釣り，はえ縄，うなぎ筒，定置網，石倉など，人間とウナギとの長い歴史とともに多様化した，さまざまな手法が見られる（**図 2.9**）．性的な成熟が始まり，産卵場へ向かって移動を開始する銀ウナギについては，消化管が縮小し，摂餌が行われなくなるために，釣りやはえ縄といった，餌を利用した漁法ではなく，ウナギ筒や定置網など，餌を用いない漁法が用いられる．

前述のように，2013 年には日本の内水面で 149 t の黄ウナギ・銀ウナギが漁獲されたと記録されている．捕獲された黄ウナギや銀ウナギは，その後どうなるのか．これらのウナギは，「天然ウナギ」として食用に供されるが，日本における「天然ウナギ」の消費は，漁獲が行われた周辺の地域のみで完結する場合が多い．ウナギ漁業を行っている 130 の内水面漁業協同組合に対して行ったアンケート調査[12] によると，2012 年に漁獲されたウナギのうち，76.3% は自

---

[12] 平成 26 年度鰻生息状況等緊急調査事業（水産庁）に基づき，全国内水面漁業協同組合連合会が行った．

図 2.9 黄ウナギを漁獲するための漁具

(a) 延縄：幹縄から伸びた枝縄の先に針があり，餌を付けてウナギを釣る．写真は，岡山県の漁業者が使用している，1セットに 40 本の針がついたもの．右側の鋤は，この地域で餌に利用しているアナジャコを掘るためのもの．
(b) ウナギ筒：旧来は竹筒を沈め，すみかとして利用するウナギを捕獲した．現在は，写真のような塩化ビニール製のパイプが多く用いられている．写真は筆者が岡山県における調査で用いたもの．
(c) 石倉：河川に石を積み上げ，すみかとして利用しているウナギを取る．写真は大分県安岐川．
(d) 穴釣り：棒の先に餌をつけ，ウナギが休んでいるすみかに入れ，餌に食いついたところを捕える．写真は静岡県の漁業者が使用しているもの．
→ 口絵 5 参照

家消費目的の漁獲であり，販売目的の漁獲は 16.6% にとどまっていた（残りは放射線量調査用の検体などに利用）．これまでに調査の現場で出会った内水面漁業協同組合の組合員の人々も，販売のために出荷するのではなく，捕れたウナギは自分の家で消費する傾向が強かった．「ウナギは嫌いなので食べないが，人にあげると喜んでくれるので，捕って近所に配っている」という例もあるようだ．

内水面における黄ウナギ・銀ウナギ漁業の多くは，もはや生活を

支える「業」ではない．環境省やIUCNにより絶滅危惧種に指定されたウナギが，生計のためではなく，半ば趣味に近い活動として消費されている現状について，社会は対応を考える必要があるだろう．

2.4 危機の要因(3)――成育場の環境変化

海洋環境の変動，過剰な漁獲と並んでニホンウナギ個体数減少の要因と考えられているのが，成育場である河川や沿岸域の環境変化である．その一生のほとんどを黄ウナギとして過ごすニホンウナギにとって，成育場環境の劣化は，その生存や成長をおびやかす脅威である．

失われる海と川と水田のつながり

第1章に記したように，ウナギは川と海を行き来する通し回遊魚である．しかし，高度経済成長期以降，日本の河川には河口堰やダム，砂防堤など多くの河川横断工作物が建設され，河川の上流と下流のつながりを含む，海と川のつながりが失われた．また，河川周辺に広がっていた氾濫原湿地[13]の代替として，多くの水生生物が利用してきた水田も乾田化され，河川との魚類の行き来が困難になりつつある．海と川，水田と川のつながりが失われることで，ニホンウナギが成育場として利用できる水域面積は，確実に縮小した．

筆者らが2007年からニホンウナギの生態研究を行っている岡山県の旭川水系には，旭川ダムという堤高45 mのダムが存在する．旭川水系の流域面積は1810 km^2 であるが，このダムの上流側には

---

[13] 河川周辺に広がる湿地．氾濫のたびに水が供給され，三日月湖などの沼地が形成される．水生生物の重要な生息域であった．

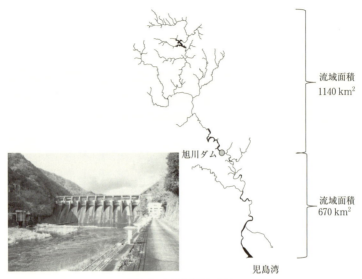

図 2.10　岡山県旭川の場合

堤高 45 m の旭川ダムによって，旭川の全体のおよそ 6 割にあたる，1140 km² の流域面積が利用不可能になっている可能性が高い．

その 6 割以上の 1140 km² が存在する（**図 2.10**）．ウナギが高さ 45 m の旭川ダムを越えることは，おそらく困難と見られることから，流域面積のうち，6 割以上が成育場として利用できなくなっていると推測される．

　ダム以外にも，日本全国の河川には河口堰や砂防堤，取水堰など多数の河川横断工作物が設置されている（**図 2.11**）．日本の大河川には，2005 年の時点で堤高 15 m 以上のダムが 2675 個存在していた．この数は，個数で世界第四位，密度で第三位に相当し，調査された日本の 113 の大河川の中で，河川横断工作物を持たないものは北海道と沖縄の 3 河川のみであったという．

　河川横断工作物の中でも，塩水の流入を防ぐため河口に設置され

図 2.11 さまざまな河川横断工作物
(a) 落差工（静岡県坂口谷川），(b) 河口堰（岡山県百間川），(c) 農業用取水堰（静岡県青野川），(d) 治水・かんがい・用水の多目的堰（岡山県吉井川）．

る河口堰は河川そのものへの進入を困難にすることによって，水域のほとんどを成育場として利用不可能にするだけでなく，ニホンウナギが成育期初期の数年間を過ごす，河口域の利用をも困難する．また，水田へ農業用水を導くための井堰や，水流を調節するための落差工など，比較的小規模構造であっても，それらが河川内に連続して存在することによって，全体として大きな影響を与えることになる．例えば，遡上しようとする個体のうち，70% の個体が好機に恵まれれば越えることのできる河川横断工作物があったとする．同じ構造物が河川内に 10 ヶ所存在すると，すべての構造物を越えて上流域に到達できるウナギは，単純計算で全体の 2.8% に

とどまる．例えば静岡県南伊豆町を流れる青野川には，本流だけで16ヶ所に河川横断工作物が存在するが，同様に多数の横断工作物を有する河川はめずらしくない．

河川と海のつながりを縦方向と考えた場合，横方向のつながりともいえる水田と川のつながりも失われている．人間が河川周辺の土地を開発する以前には，氾濫時に河川から水が供給される氾濫原湿地が河川の周辺にひろがり，そこに点在する池や沼地は，ウナギを含む多くの水生生物にとって重要な生息場所であった．東アジアにおいては，人間が河川の周辺に居住するようになり，氾濫原湿地が住居や田畑として開発されたのちにはその代替として，水田がコイやフナの産卵場や，水生昆虫の生息環境を提供してきた．ニホンウナギも，かつては水田を摂餌の場などに利用していた．しかし，近代以降進められてきた乾田化により，水辺の生物が一年を通して水田を利用することが難しくなった．さらにコンクリート側溝の整備によって水田と排水路の高低差が大きくなり，河川に生息する水生動物が，産卵や摂餌，洪水時の非難のために，一時的に水田に進入することも困難になった．

河川の成育場環境の劣化

河川は海とのつながり，水田とのつながりを失っただけではない．増水時に水をスムーズに流すために，蛇行していた河川は直線化され，河岸は浸食を防ぐためにコンクリートや矢板によって護岸された．川底までもがコンクリートによって固められた「コンクリート三面張り」と呼ばれる河川も少なくない（**図 2.12**）．これらの構造は，人間の生命や財産を守る目的で作られたものであるが，その一方で，河川の環境を単純化し，水生生物の生息域を劣化させている．東京大学の板倉らは，日本全国の18の河川と九つの湖につ

図 2.12 コンクリート三面張りの河川
筆者の勤務地である,中央大学多摩キャンパスのそばを流れる大栗川(東京都).

いて,コンクリートなどで護岸された川岸の割合とウナギ漁獲量の減少率との関係を比較した.その結果,コンクリートなどで護岸された岸の割合が高い河川において,ウナギの漁獲量の減少率が高いという結果が得られている(**図 2.13**).また,同じ河川においても,川岸がコンクリートで覆われた場所では,土と植生が存在する場所と比較して個体数密度が低く,ウナギの摂餌量と肥満度[14]も低いことが明らかにされている(**図 2.14**).岸辺に土と植生がある水域で捕獲された個体は,陸域の餌生物も利用しており,胃内容物の23%をミミズが占めていた.コンクリートで河岸が覆われることにより,陸域からの餌生物(ミミズ)の供給が絶たれ,ニホンウナギの摂餌や栄養の状態を悪化させたと考えられる.

---

[14] 栄養状態を示す指標の一つ.「体重÷全長の三乗」で計算する.

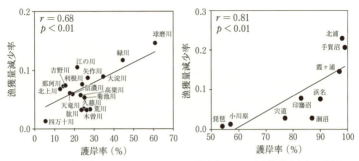

図 2.13　日本の主な河川と湖沼における，護岸率とウナギ漁獲量減少率の関係
護岸率が高い河川（左図）や湖沼（右図）において，ウナギの漁獲量の減少率が高い
(Itakura *et al*. 2013, 図 6.7 より改変).

　流路の直線化や護岸による河川の単純化のほか，有害物質の流入や富栄養化など水質の変化も，ニホンウナギの減少をもたらしている可能性がある．清流を好むマス類などと異なり，ニホンウナギは富栄養化など水質の悪化に対してはある程度の耐性があると考えられている．実際に日本では，水質汚濁が進んでいるとされる水域にも，ニホンウナギは生息している．これまでの調査においても，有機物が堆積し，川底の泥から硫黄臭が漂う水域において，多くのニホンウナギが捕獲された．しかし，東アジアの全域に分布するニホンウナギについては，日本以外の東アジア諸国における淡水生態系の劣化についても考慮する必要がある．例えば，中国のように経済発展の目覚ましい地域では，著しい水質の悪化によりニホンウナギにも悪影響が生じている可能性が懸念される．

　在来生物の衰退と外来生物の侵入による生物群集の変化がウナギに与える影響も，見過ごすことはできない．岡山県旭川の淡水域で捕獲されたニホンウナギを調査した結果，胃内容物の 75% が要注意外来生物に指定されているアメリカザリガニ (*Procambarus*

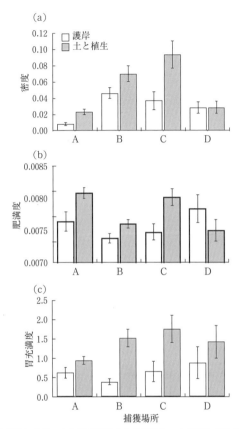

図 2.14 川岸がコンクリートなどで護岸された場所と,土や植生が残されている場所との比較

(a)はニホンウナギの密度,(b)は肥満度,(c)は胃の充満度(摂餌量の指標).A,B,C,Dの4ヶ所で比較している.(Itakura *et al.* 2015, 図5より改変)

clarkii)に占められていた.侵略的な外来生物が圧倒的に優先するようになった現在,もはや,この水域のニホンウナギが本来どのような餌生物を捕食していたのか,知ることは難しい.

河川の生息域の多様性の喪失，陸域とのつながりの遮断，水質の変化，生物相の変化などによって，進入可能であっても，すでにニホンウナギにとって有効な生息域ではなくなっている水域が，東アジアには多く存在する．海と川と水田のつながりの喪失による，進入可能な水域面積の量的な減少とあわせて，生息域の質的な劣化がニホンウナギに与える影響を的確に把握し，ニホンウナギを含むすべての水生生物の成育に適切な生息域を取り戻すことが求められる．

失われる干潟

　干潟とは，潮の干満にともなって水面上に現れたり水面下に隠れたりする，平坦な砂泥地を指す．干潟は砂泥が堆積しやすい，潮流の緩やかな河口域などに形成されるが，砂泥とともに有機物も堆積し，微生物のほか，多毛類（ゴカイの仲間），甲殻類，二枚貝，小型魚類，鳥類など多くの生物の生息域となっている．豊富な有機物に支えられ，生産性と生物多様性のいずれも高い干潟には，多数のニホンウナギが生息している．岡山県岡山市に位置する児島湾のニホンウナギは，干潟に穴を掘って生息するアナジャコを主要な餌生物としており，干潟が餌生物の豊かな場所であることがわかる．

　しかし現在の日本ではすでに，干潟は大幅に減少している．環境省の報告では，1945年に82,621 ha存在していた日本の干潟は，1978年には53,856 ha，1996年には49,380 haにまで減少した[15]．50年間で面積にして約40％が失われたことになる．干潟が形成さ

---

[15] 環境省＞国立・国定公園に係る海域の保全及び利用に関する懇談会＞資料3：藻場・干潟・サンゴ礁等の分布
https://www.env.go.jp/nature/koen_umi/umi02_3.pdf（最終アクセス2016年4月11日）

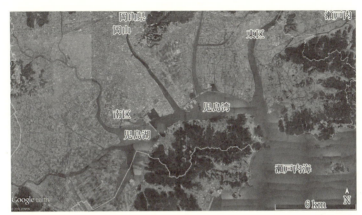

©Google

図 2.15 児島湾地図

十六世紀から続く干拓によって本土と児島が陸続きとなり，児島湾が生まれた．現在，児島湾の奥は堤防で閉切られ，淡水化されている（児島湖）．これらの干拓によって，新しい居住地や農地が得られた一方で，多大な干潟が失われた．

れる河口付近は人口が集中しやすく，遠浅で埋め立てが容易なために，土地開発によって失われやすい．ウナギ漁の盛んな岡山県の児島湾は，かつては広大な干潟が広がる，豊かな海であった．しかし，江戸時代から続く干拓によってその多くが失われ，現在は流入河川である旭川と吉井川の河口付近など一部をのぞき，ほとんどの干潟は姿を消した（**図 2.15**）．河川の環境だけでなく，沿岸域における環境改変も，ニホンウナギの有効な成育場を減少させる重要な要因といえるだろう．

生息域喪失 (habitat loss) とニホンウナギの減少

これまで述べたように，海と川と水田のつながりが失われることによって進入可能な成育場が量的に減少し，進入することが可能な水域においても，河川の生息環境の単純化や干潟の喪失等によって

質的な劣化が進むことで，ニホンウナギの有効な成育場は減少を続けている．これら成育場の喪失 (habitat loss) がウナギ個体群に与える影響は，非常に大きいと考えられている．台湾と香港の研究チームが衛星写真をもとに，日本，韓国，中国，台湾の 16 河川を対象に行った研究では，1970 年から 2010 年にかけて 76.8% の有効な成育場が失われたと推測されている．ウナギをおびやかしている複合要因のうちでも，成育場の喪失は最も重要な要因と考えるべきだろう．

合意形成に困難が伴うとはいえ，過剰な漁獲はあくまでシステムで対処できる問題であり，合意さえ成立すれば，すぐにでも解決できる．漁業管理が始まってから個体群が回復するまでには，ある程度の時間がかかるかもしれないが，少なくとも減少の直接的な要因 (この場合は過剰な漁獲) を取り除くことができる．しかし，ウナギの成育場である河川や沿岸域の環境を生息に適した形に戻すには，長期間にわたる多様な自然再生の取り組みが必要となる．

さらに，河川や沿岸の環境変化はニホンウナギだけの問題ではなく，ウナギ以外の生物にも影響を与えているはずである．例えば環境省のレッドリストを見てみると，評価対象とされた 400 種の汽水・淡水性魚類のうち，およそ半分にあたる 201 種が絶滅危惧または準絶滅危惧のカテゴリーにリストされている．世界的に見ても，河川や湖沼を含む陸水生態系は，海洋や森林の生態系と比較して生物多様性の損失が大きいとされる．河川の開発により，ウナギだけでなく，さまざまな水辺の生き物が窮地に陥ったといえる．

2.5 そのほかのウナギ属魚類の危機

現在，個体群が急激に減少しているのはニホンウナギだけではない．2014 年に発表された IUCN によるウナギ属魚類の評価では，

表 2.1 IUCN によって絶滅のリスクが高いと評価されたウナギ属魚類

Critically endengered 絶滅危惧 IA 類	ヨーロッパウナギ（*Anguilla anguilla*)
Endangered 絶滅危惧 IB 類	ニホンウナギ（*Anguilla japonica*）， アメリカウナギ（*Anguilla rostrata*)
Vulnerable 絶滅危惧 II 類	*Anguilla borneensis*
Near Threatened 準絶滅危惧	ビカーラ種（*Anguilla bicolor*), *Anguilla luzonensis*, *Anguilla celebesensis*, *Anguilla bengalensis*

ウナギ属魚類全 16 種のうち，2014 年に評価結果が発表された 13 種のうち，7 種が絶滅危惧，または準絶滅危惧にリストされた．南半球に生息する 3 種については，現在も評価が継続している．

南半球に分布する3種を除く13種が新たに評価，または再評価され，その結果1種が絶滅危惧IA類，2種が絶滅危惧IB類，1種が絶滅危惧II類，4種が準絶滅危惧に分類された（**表 2.1**）．これら7種のうち，分布域が狭いことを主要な理由とした3種を除き，4種すべての評価書の中に，個体群に対する危機として，日本を含む東アジアにおける需要が取り上げられている．東アジア，特に日本の食欲は，ニホンウナギのみならず，世界のウナギの脅威と見なされている．

ヨーロッパウナギの危機

大西洋のサルガッソー海に産卵場を持ち，ヨーロッパや北アフリカ諸国を成育場とするヨーロッパウナギは，1980年代から漁獲量が急激に減少し，2008年にはIUCNのレッドリストにおいて，絶滅危惧種のうち最高ランクの絶滅危惧IA類に指定された（**図 2.16**）．野生生物の国際取引を規制するワシントン条約（Convention on International Trade in Endangered Species of Wild Fauna and

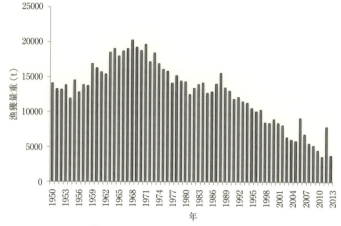

図 2.16 ヨーロッパウナギ漁獲量の変遷
ニホンウナギと同じように，1970 年代をピークに漁獲量が減少している．
Food and Agriculture Organization of the United Nations > Fisheries and Aquaculture Department > FAO FishFinder > Fact Sheets
http://www.fao.org/fishery/species/2203/en（最終アクセス 2016 年 4 月 4 日）より．

Flora，略称CITES）の附属書 II に指定され，2009 年からは輸出国の許可なしには国際取引を行うことができなくなっている．EU はそれよりも厳しい独自の規制をかけ，2010 年以降 EU 域外との商取引を全面的に禁止した．

　ヨーロッパウナギをここまで激減させたのは，ほかでもない日本の消費者であると考えられている．1990 年代に，中国でヨーロッパウナギが効率的に養殖できるようになった．これ以降，ヨーロッパからシラスウナギが中国に輸出され，中国で養殖された安価なヨーロッパウナギが大量に日本に流入するようになった．中国から輸入されるヨーロッパウナギに対抗するために，日本でも養殖の効率化と大規模化が進められ，ニホンウナギの取引価格も引き下げられた．その結果，ヨーロッパウナギだけでなく，ニホンウナギも

スーパー，コンビニエンスストアやファストフードチェーンで安価に提供され，大量消費されるようになった．

ヨーロッパウナギの国際取引は，ワシントン条約やEUによって規制されているはずだが，実際には，2009年以降の日本でも，ヨーロッパウナギが消費されている．これらのうち多くは中国から輸入されたものと考えられるが，なぜそのようなことが可能なのか．その理由を伺わせるいくつかの事例がある．例えば，2015年1月にスペインからブルガリアに入国した男性二人が，手荷物のなかにウナギの稚魚200万匹を隠していたとして，これを税関当局に押収されたことが報道された．また，ICES (International Council for the Exploration of the Sea, 国際海洋探査委員会)の報告では，2013年にEU域内で漁獲されたヨーロッパウナギのシラスウナギ約50tのうち，4割以上に相当する約22tが「喪失(Loss)」したと記録されている．漁獲後の死亡や体重減による重量低下を考慮しても，4割は多すぎる．その一部は密輸されるなど，非合法に消費されたと考えるべきだろう．

ワシントン条約が発効した後になってもEU域外へ輸出されているヨーロッパウナギについて，関係者は条約が発効した2009年以前にヨーロッパから中国へ輸入された在庫であると主張している．しかし，日本におけるウナギ養殖では，シラスウナギの飼育開始から出荷までの期間がおよそ数ヶ月から2年程度であることを考えると，国が異なるとはいえ，2009年以前に養殖場に入れられたヨーロッパウナギが，いまだ出荷されずに在庫として残っているとは考えにくい．そのことは十分承知されているようで，中国政府はワシントン条約発効前に輸入した「合法的な製品」(ワシントン条約発効以前に輸入したとされるウナギ)の在庫が切れるため，近日中に

輸出がなくなるとの見解を示している[16]．

アメリカウナギの危機

　北アメリカ大陸東海岸に生息するアメリカウナギについても，個体数減少が危惧されている．アメリカウナギのシラスウナギの漁獲量は1980年代半ばから急激に減少し，2000年にはピーク時の1%程度にまで落ち込んだ．IUCNは，2014年に同種をニホンウナギと同じ絶滅危惧IB類に指定した．

　これまで，日本でおもに消費されてきたのは，ニホンウナギとヨーロッパウナギの2種であった．最近はニホンウナギの減少やヨーロッパウナギの国際取引規制を受けて，アメリカウナギも東アジアに輸出されるようになり，2010年以降，アメリカウナギのシラスウナギの価格は異常な高騰を見せている（図 2.17）．しかし，それ以前にはアメリカ国内外に大きな需要は存在せず，国内におけるアメリカウナギのおもな用途は，釣りの生き餌だったという．近年まで食用としての需要がそれほど高くなかったアメリカウナギが，ニホンウナギやヨーロッパウナギと同様に，急激に減少していることは注目に値する．

　考えられる理由の一つは，人間による成育場の改変である．ニホンウナギ，ヨーロッパウナギ，アメリカウナギが成育場として利用する北半球の温帯域は，いわゆる先進国が集まる地域である．前述のように河川には横断工作物やコンクリート護岸を含むさまざまな改変がなされ，生活排水や農業排水が流入し，外来生物が侵入するなど，ウナギの成育場は量，質ともに大きく劣化している．開発の

---

[16] 当初，中国からのヨーロッパウナギの輸出は2015年9月末までとされていた．しかし，本書を書いている2015年11月の時点においても中国からの輸出は継続しており，その状況は混沌としている．

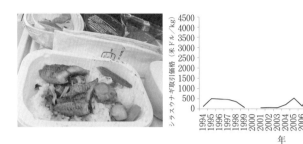

図 2.17 アメリカウナギの蒲焼とシラスウナギの取引価格
(左) アメリカウナギの蒲焼：東京からソウルへ向かう航空機内で提供されたウナギの蒲焼．試料を持ち帰り，遺伝子を調べたところアメリカウナギだった．
(右) アメリカウナギのシラスウナギの取引価格：シラスウナギのほか，若い黄ウナギを含む．近年になり，取引価格は異常な高騰を見せている．
Maine Department of Marine Resources > Commercial Fishes > Historical Data > Eel (elver) PDF
http://www.maine.gov/dmr/commercialfishing/documents/elver.table.pdf（最終アクセス 2016 年 4 月 11 日）を参考にして作成．

進んだ先進国が数多く存在する北半球の温帯に生息する，これら 3 種のウナギの減少には，成育場の環境変化が大きく影響している可能性が高い．その一方で，例えば地球温暖化にともなう海洋環境の変化が，回遊距離の長い温帯種に特に強く影響し，個体数を減少させているといったシナリオを想定することも可能であり，現在のところ，その減少要因は明らかではない．

熱帯種の危機

熱帯に生息する *Anguilla bicolor* いわゆるビカーラ種は，ニホンウナギが減少し，ワシントン条約によってヨーロッパウナギが入手しにくくなった状況を受けて，2012 年ごろから「第三のウナギ」として，ウナギの流通に関心を持つ人々の注目を集めている．その分布域は，東南アジアからインド洋のインド・アフリカ東岸に

まで広がっている[17]. 最近 IUCN が本種を再評価した結果, それまでの Least Concern（軽度懸念）から Near Threatened（準絶滅危惧）にランクが引き上げられた.「準絶滅危惧」は, 現在のところ絶滅危惧に指定するほどの証拠がないが, 近い将来これらの基準に合致すると考えられるカテゴリーである. また,「軽度懸念」は, 基準に照らし合わせて絶滅危惧にも, 準絶滅危惧にも該当しない種を分類するカテゴリーで, 個体数が多く, 比較的安定している状態の生物種が該当する.

ビカーラ種の個体群サイズやその変化に関するデータはほとんど存在しない. それにもかかわらず準絶滅危惧とされた理由は, 近年増大している, 本種に対する需要の高まりを考慮してのことである. このまま資源管理がなされることもなく, 無制限な消費が続けば, ビカーラ種もニホンウナギやヨーロッパウナギと同じように, 絶滅危惧に指定されるだろう.

現在, フィリピンなどビカーラ種の養殖を開始した国の中には, IUCN が準絶滅危惧に指定したビカーラ種から, いまだ軽度懸念であるオオウナギ（*Anguilla marmorata*）にターゲットを移す動きが出始めている. このような動きが今後加速すれば, ビカーラ種と同様に, オオウナギも準絶滅危惧や絶滅危惧にならざるを得ない.

ビカーラ種やオオウナギなど, おもに熱帯に分布する種の場合, 分布域の国々には, ウナギの個体群動態をモニタリングするための資金やノウハウが不足している. 経済的に優位に立っている輸入国側が責任を共有し, 輸出国と協働して資源管理を進めるシステムの構築が必要とされる. 次々に資源を食いつぶしては新たな種に乗り

---

[17] 本種は東南アジア東側に分布する *Anguilla bicolor pacifica* と, インド洋に分布する *Anguilla bicolor bicolor* の二つの亜種に分類されているが, IUCN の評価では亜種を区別しない.

換えるのではなく，個体群動態を監視しながら，持続的な消費を目指すことが重要である．

参考文献

Bucher, Enrique H (1992) The causes of extinction of the Passenger Pigeon. *Current ornithology.* Springer US, 1-36.

Chen J-Z, Huang SL, Han YU (2014) Impact of long-term habitat loss on the Japanese eel *Anguilla japonica. Estuarine, Coastal and Shelf Science*, **151**, 361-369.

ICES (2013) Report of the Joint EIFAAC/ICES Working Group on Eels (WGEEL), 18-22 March 2013 in Sukarietta, Spain, 4-10 September 2013 in Copenhagen, Denmark. ICES CM 2013/ACOM:18. 851.

井上敬太 (1968)『児島湾干拓資料拾集録』同和鉱業株式会社．

Itakura H, Kaino T, Miyake Y, Kitagawa T, Kimura S (2015) Feeding, condition, and abundance of Japanese eels from natural and revetment habitats in the Tone River, Japan. *Environmental Biology of Fishes*, **98**, 1-18.

Itakura H, Kitagawa T, Miller MJ, Kimura S (2014) Declines in catches of Japanese eels in rivers and lakes across Japan: Have river and lake modifications reduced fishery catches? *Landscape and Ecological Engineering*, **11**, 1-14.

IUCN (2012) IUCN Red List Categories and Criteria: Version 3.1. Second edition. Gland, Switzerland and Cambridge, UK: IUCN.

Jacoby D, Casselman J, DeLucia M, Hammerson GA, Gollock M (2014) *Anguilla rostrata.* The IUCN Red List of Threatened Species. Version 2014.3.

Jacoby D, Gollock M (2014) *Anguilla japonica.* The IUCN Red List of Threatened Species. Version 2014.3.

Jacoby D, Harrison IJ, Gollock M (2014) *Anguilla bicolor.* The IUCN

Red List of Threatened Species. Version 2014.3.

Kaifu K, Maeda H, Yokouchi K, Sudo R, Miller MJ, Aoyama J, Yoshida T, Tsukamoto K, Washitani I (2014) Do Japanese eels recruit into the Japan Sea coast?: A case study in the Hayase River system, Fukui Japan. *Environmental Biology of Fishes*, **97**, 921-928.

Kaifu K, Miyazaki S, Aoyama J, Kimura S, Tsukamoto K (2013) Diet of Japanese eels *Anguilla japonica* in the Kojima Bay-Asahi River system, Japan. *Environmental Biology of Fishes*, **96**, 439-446.

Kamp J, Oppel S, Ananin AA, Durnev YA, Gashev SN, Hölzel N, Mishchenko AL, Pessa J, Smirenski SM, Strelnikov EG, Timonen S (2015) Global population collapse in a superabundant migratory bird and illegal trapping in China. *Conservation Biology*, **29**, 1684-1694.

環境省 (2015)『レッドデータブック2014 絶滅のおそれのある野生生物—4 汽水・淡水魚類』ぎょうせい.

Kimura S, Tsukamoto K, Sugimoto T (1994) A model for the larval migration of the Japanese eel: roles of the trade winds and salinity front. *Marine Biology*, **119**, 185-190.

岸田達, 神頭一郎 (2013)「我が国におけるシラスウナギ漁獲量再考」水産海洋研究, **77**, 164-166.

小泉 格 (2006)『日本海と環日本海地形』角川出版.

小島秀彰, 海部健三, 横内一樹, 須藤竜介, 吉田丈人, 塚本勝巳, 鷲谷いづみ (2012)「福井県三方五湖-早瀬川水系におけるニホンウナギ *Anguilla japonica* 生息状況の歴史的変遷について」動物考古学, **29**, 1-17.

Lü ZWD, Garshelis DL (2008) *Ailuropoda melanoleuca*. The IUCN Red List of Threatened Species. Version 2015.1.

農林水産省 (1956-2013) 漁業・養殖業生産統計年報, 農林水産省大臣官房統計部.

Shiraishi H, Crook V (2015) Eel market dynamics: An analysis of Anguilla production. TRAFFIC. Tokyo, Japan.

Tanaka E (2014) Stock assessment of Japanese eels using Japanese abundance indices. *Fisheries Science*, **80**, 1129-1144.

Tzeng WN, Tseng YH, Han YS, Hsu CC, Chang CW, Di Lorenzo E, Hsieh CH (2012) Evaluation of multi-scale climate effects on annual recruitment levels of the Japanese eel, *Anguilla japonica*, to Taiwan. PLoS ONE 7:e30805.

WWF (2014) Living planet report 2014.

矢原徹一, 金子与止男 (2003)『IUCN レッドリストカテゴリーと基準 3.1 版』自然環境研究センター.

Yoshimura C, Omura T, Furumai H, Tockner K (2005) Present state of rivers and streams in Japan. *Riv. Res. Appl.*, **21**, 93-112.

ニホンウナギの保全策

ここまで、ウナギの生物学的側面を概観し、個体群の危機について紹介した。それでは、この危機に対してどのように対応すべきだろうか。本章では、まず始めにウナギを保全する意味を考えたうえで、現在行われている対策と、今後行うべき対策について論じる。

3.1 なぜウナギを守るのか

なぜニホンウナギを、あるいは他の個別の生物を守る必要があるのか。最も根本的なこの問いに正面から答えることができなければ、保全策を議論することはできない。このため本節では、ウナギを保全する意味についてあらためて考えてみる。

生態系を保全する意味

ウナギを含む生態系を守る理由は、人間の利用できる価値からも、生物そのものが持っている価値からも説明できる。人間が生態系から享受できる価値は、生態系サービスと呼ばれる。生態系サー

表3.1 生態系サービスの分類と例

生態系サービスの分類	機能	例
供給サービス	食料や原料，燃料の供給	農作物，水産物，木材，薪炭材，鉱産資源，など
調整サービス	生活の安定をもたらす	干潟による水の浄化，植物による二酸化炭素の吸収など
基盤サービス	生態系の維持	昆虫による受粉，植物による光合成，バクテリアによる有機物の分解など
文化的サービス	精神的な価値をもたらす	登山，自然をモチーフとした絵画や詩歌，自然の探求など

ビスには，食料や燃料，原料を提供する供給サービス，水の浄化や災害の防止，温暖化の緩和に寄与する二酸化炭素の吸収など，人間の生活に安定をもたらす調整サービス，光合成や受粉など生態系の健全な機能を支える基盤サービス，レジャーや文化的，精神的な活動に関する文化的サービスに分類される（**表 3.1**）．いずれも人間の生活にとって欠かすことができないが，そのことが意識されることはほとんどない．しかし，特定のサービスの利用強化により生態系のバランスが崩れ，必要なサービスが享受できなくなった状況を想像すれば，その重要性を理解できるだろう．例えば魚が激減し食卓から消えてしまった場合，土を支える森林が消失し地滑りが起こった場合，ミツバチが減少し農作物の受粉ができなくなった場合，美しい自然の風景を二度と見ることができなくなった場合などに思いを致せば，生態系サービスの価値の大きさを想像することができる．

　生態系サービスは人間が享受する価値という観点に立つが，人類の利益・不利益やコスト・ベネフィットを越えた倫理的な観点として，生物の存在そのものに価値を認める考え方も存在する．これは

「存在価値」と呼ばれ,人間を含むあらゆる生き物に見いだすことができる.

人間が利用できる生態系サービス,または生物が元来有する存在価値,いずれの観点に立ったとしても,野生生物を育む生態系を適切に保全していく必要があることは自明であり,問題は,経済的な発展と生態系の保全の調和をどのように実現するのか,という点にある.

ウナギが提供する生態系サービス

存在価値はあらゆる生き物に共通しており,当然ウナギにも認めることができる.しかし生物種によって,人間が享受できる生態系サービスは大きく異なる.人間がウナギから受けている生態系サービスには,どのようなものがあるだろうか.例えばニホンウナギについて考えたとき,最も注目を集めるのは食料としての供給サービスだろう.日本国内では,2014年にはおよそ38,000 tのウナギが消費されており(**図 3.1**),国内の養殖業だけを見てみても,その生産額は468億円と,2014年の淡水における養殖業総生産額の68%を占めている[1].

生物としてのウナギに目を向けると,やはり生態系の中で重要な役割を担っていることがわかる.成長したウナギは河川において最上位の捕食者であり,河川に生息する甲殻類や小型魚類,場合によっては陸生のミミズや昆虫を捕食している.捕食は,小型生物の過剰な増殖を抑制し,生態系の物質循環を促す重要な基盤サービスである.

---

[1] 農林水産省>漁業生産額>確報>平成 25 年
http://www.maff.go.jp/j/tokei/kouhyou/gyogyou_seigaku/index.html#r (最終アクセス 2016 年 4 月 11 日)

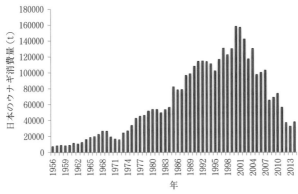

図3.1 日本のウナギ消費量の推移

過去には年間 10 万 t 以上消費された時期もあり，潜在的なウナギ需要は大きいと考えられる．(農林水産省「漁業養殖業生産統計」および財務省「貿易統計」http://www.customs.go.jp/toukei/info/index.htm (最終アクセス 2016 年 4 月 11 日) を参考にして作成．)

このほか，古くから人間と深い関わりを持つウナギは，多様な文化的サービスを提供する．趣味としての釣りや漁によるウナギの漁獲は，ウナギが人間に供給している代表的な文化的サービスの一つといえるだろう．また，日本においては，ウナギは和歌や絵画の題材として取り上げられてきた．日本最古の歌集，万葉集に収録されている大伴家持の歌「石麻呂に　吾れもの申す　夏瘦せに　よしといふものぞ　鰻とり食せ」は，平安時代からウナギの高い栄養価が認識されていたことを示す資料として，特に有名である．江戸時代には浮世絵の題材としても好まれ，ウナギが登場する多くの絵が残されている．さらに，ウナギを神の使いと捉える伝統も，岐阜県郡上市，群馬県高崎市，山梨県武川村の一部など，多くの地域に見られる．

南モルッカ諸島および東ティモールでは，ウナギは神であり人間

の祖先であると考えられており，ウナギを捕獲すること，食べることのほか，ウナギの生息地に立ち入ることも禁じられているという．このほか近年では，「謎の多い魚」としてウナギの生態やその研究が紹介されることも多い．ウナギの生態に関する情報によって知的好奇心が刺激されることも，文化的サービスの一つである．

このように，ウナギがもたらす生態系サービスは幅広い．ウナギを保全し，持続的に利用することによって，経済的な指標で計測可能な利益を，将来にわたって享受できるだろう．

3.2 現在の対策——放流

ニホンウナギの個体数増大を目的として，日本各地の河川や湖沼でウナギの放流が行われている．しかし，ウナギの放流についてはメリットとデメリットを含め，いまだ十分に評価されているとはいえない．ここでは，現在の知見に基づき，今後解決すべき課題を整理する．

河川や湖沼における水生動物の放流

日本の多くの川や湖で，魚や貝，甲殻類の放流が行われている．例えば群馬県では，2010年に18,699 kg（推定134万尾）の稚アユを県内の河川に放流したと記録されている[2]．1県，1魚種で19 t近い量の放流を行っているということは，全国の河川や湖沼に放流される水生動物の量は，年間何百 t というレベルに達しているはずだ．なぜ，日本の河川や湖沼では盛んに放流が行なわれているのか．その理由は，漁業法（昭和24年12月15日法律第267号）と

---

[2] 群馬県＞アユ放流量漁獲量
https://www.pref.gunma.jp/06/f2210018.html（最終アクセス2016年4月11日）

いう，漁業に関する規則を定めた法律にある．この法律の第八章，「内水面漁業」の冒頭には，次のような条文が存在する．

「第127条　内水面における第五種共同漁業は，当該内水面が水産動植物の増殖に適しており，且つ，当該漁業の免許を受けた者が当該内水面において水産動植物の増殖をする場合でなければ，免許してはならない．」

　第五種共同漁業とは，内水面において漁業者が行う，養殖業以外のさまざまな漁業の総称である．この条文によって，河川や湖沼で漁業権を行使する内水面漁業協同組合は，漁業権の対象となっている動植物を増やすための努力を義務付けられている．この「増殖義務」を果たす手段としては，漁獲量の削減のほか，生息域の保全や回復，産卵場の造成，産卵親魚の保護などが考えられるが，一見最も直接的で，効果を測りやすいと考えられているのが，放流である．このため，漁業法に基づく増殖義務の履行として，一般的に水生動物の放流が行われてきた．しかし後述するように，実際には放流による増殖効果を確認することは，決して簡単ではない．

放流が抱えるリスク

　生物多様性の保全について考えたとき，生物の放流には一般的に，分布域の改変，遺伝的撹乱，病原体拡散の三つのリスクがある．

　放流に伴う生物の人為的移動は分布域の改変をもたらす恐れがある．アメリカ大陸から持ち込まれ，日本各地に放流されたアメリカザリガニ，ルアーフィッシングの対象として放流されることの多いオオクチバス（*Micropterus salmoides*）やコクチバス

(*Micropterus dolomieu*) は，本来の分布域とは異なる水系に定着し，侵略的外来種として既存の生態系に大きな影響を与えている．国内在来種であっても，放流によって分布域が改変される場合は多い．例えばオイカワ (*Opsariichthys platypus*) は，放流のために購入された琵琶湖産アユに混じって全国各地に分散し，以前は分布していなかった東北や四国の一部などにも，国内外来種として分布域を広げている．国内からであれ，国外からであれ，外来種が侵入すれば，既存の生態系のバランスが崩れるおそれがある．

　当該種の分布域内に放流する場合であっても，遺伝的撹乱が生じる恐れがある．一般的に多くの淡水魚は，降河回遊魚であるウナギ属魚類とは異なり，自らが生息する水系内とその周辺で成長と繁殖を完結する．このような魚種では，地域ごと，水系ごとに遺伝的に異なる局所個体群が形成される．それぞれの局所個体群は，地域や水系特有の環境に適応した遺伝的特性を獲得している場合が多く，放流によって移動させることは，これら異なる集団を混ぜ合わせ，長い時間をかけて形成された，地域に固有な遺伝的特性を失わせることにつながる．また，養殖魚を放流する場合には，養殖魚が何世代にもわたって人工的な環境で飼育されることによって，群れやすいなど飼育下の環境に適した遺伝的な特性が選択的に維持される場合がある．このような個体を河川や湖沼に放流することは，自然環境下に生息している野生個体群の遺伝的組成に影響を与える恐れがある．

　このほか，病原体を拡散させるリスクもある．放流のために生物を導入すれば，その体内に存在する寄生虫や細菌，ウイルスなどの病原体も，ともに持ち込まれるからだ．日本では 1990 年代に，放流用の稚アユの輸送にともなって冷水病が全国に広がり，アユの漁獲量はピーク時の 18,093 t（1991 年）から 15 年で 8 割以上減少

した (2006年, 3,014 t). また, 2000年代にはコイヘルペスウィルス病が全国に拡散したことにより, 日本のコイ漁獲量は2000年の4,079 tから2008年の468 tへと, 約9割も減少した. コイヘルペスウィルスの拡散にも, 放流が大きく関わっていたと考えられている[3]. これらの例では甚大な被害が生じたが, 短時間で死に至らないまでも死亡率が高まったり, 出生数が減少したりする未確認の病原体が, 放流とともに拡散する, またはすでにしている可能性は否定できない.

　放流は, 短期的にみれば当該水域内の水産動植物の個体数を増加させることができるが, 長期的に考えた場合, リスクを伴い, 実際に外来種の蔓延や病原体の拡散など, 日本中, 世界中でその弊害が現れている. 放流が始められた時代には, 放流に伴うリスクについてほとんど認識されていなかった. そのリスクに関する研究が進み, また, 実際に放流による弊害が現れている現在, 放流の是非やそのあり方について改めて考え直す必要があるだろう.

「義務放流」という誤解

　内水面漁業協同組合が漁業権の対象とする水産動植物には, 漁業法第127条によって増殖義務が付随する. ウナギを漁業権の対象としている組合はウナギを, アユやフナを対象としている組合は, アユやフナを増殖する義務があり, その義務の履行としてこれらの生物を放流するため, 全国の河川および湖沼では, 漁業権対象種となっている魚類や甲殻類が, 毎年放流される.

---

[3] アユ, コイともに漁獲量減少の理由は, 病気によって個体数が減少したことと共に, 病気の拡散を防ぐために放流を行わなくなったことが大きく影響していると考えられている. これらの事例は, 現在の内水面漁業がいかに放流に頼っているのかを示す例証ともいえるだろう.

漁業法の増殖義務の履行として行われる放流を,「義務放流」と呼ぶことがある.この言葉は,法律に義務づけられた放流,という意味で用いられているようだ.しかし,漁業法が実際に義務として課しているのは「増殖[4]」,つまり動植物を増やすことであって,放流すること自体が義務なのではない.現在,アユやイワナ,コイなどを対象に,放流に頼らない増殖法の開発が日本各地で試みられている.水辺の生態系をよみがえらせることによって,より自然に近いかたちで動植物が成長し,子孫を増やすことを助けるための活動である.

河川下流域で川底の小石に卵を産みつけるアユの場合は,人間の手で産卵床を整えることによって増殖を計る努力が,すでに多くの河川でなされている.北海道の黒松内町を流れる朱太川の黒松内漁業協同組合では,2013年より他地域から購入した稚アユの放流を休止し,その代替の増殖対策として,行政との協働により遺伝的撹乱のリスクの低い地元産アユの人工孵化放流や,生息域の改善や産卵場の造成に取り組んでいる.福井県の若狭町では,行政や漁業協同組合,市民がともに川と水田をつなぐ「水田魚道」を作り,コイやフナが産卵のために水田に入る手助けをしたり,また,河川や水路で産卵された卵を水田に移すことによって,彼らの増殖を助けようとする試みが進められている.

漁業法によって義務づけられている増殖義務に基づく放流について,監督や指導を行う水産庁も,放流以外の手法による増殖義務の履行を認めている.2012年に水産庁が都道府県知事宛に出した通知(24水管第684号)には,以下のように記されている[5].

---

[4] 広辞苑第五版(岩波書店)には「①増えて多くなること.増やして多くすること,②生物の個体・細胞などが数を増やす現象.」と説明されている.

[5] 水産庁＞漁場計画の樹立について

「法第 127 条でいう「増殖」とは人工ふ化放流，稚魚又は親魚の放流，産卵床造成等の積極的人為手段により採捕の目的をもって水産動植物の数及び個体の重量を増加せしめる行為に加え，堰堤等により[6]移動が妨げられている滞留魚の汲み上げ放流や汲み下ろし放流もこれに含まれるものとし，養殖のような高度の人為的管理手段は必要とはしませんが，単なる漁具，漁法，漁期，漁場及び採捕物に係る制限又は禁止等消極的行為に止まるものは，含まれません.」

　放流に限らず，産卵床の造成など，放流と比較してリスクの低い手法が増殖手段として認められていることは，評価される.しかしこの通知では，野生生物が本来持っている，自然の再生産サイクルの回転を手助けすることよりもむしろ，放流に代表される，人間による積極的な働きかけによって当該水面の漁獲対象となる魚の数を増やすことを想定している.「漁業権を持つのであれば，その対価として漁業者は何らかの積極的努力を払うべき」といった権利と義務の対応を想定していると想像されるが，漁業法第 127 条によって規定されている増殖義務の持つ本来の目的は，河川や湖沼に住む生き物を，持続的に利用できる状態を保つことであり，漁業者に対し，漁業権の対価としての賦役を課すことではないはずである.例えばある河川において，漁業対象としている魚種の個体数が安定し，順調に再生産が行われていたとすれば，人間の手で魚を放流する必要はない.

　人間は自然を完全に理解していないため，自然に対する操作には，必ずリスクが伴うということを，強く認識する必要がある.放

---

http://www.jfa.maff.go.jp/j/enoki/gyojokekaku.html（最終アクセス 2016 年 4 月 11 日）

[6] 原文の通りに表記している.

流のように,自然に対する人為的操作には,予測できるもの,できないものを含め,リスクが常に存在する.このため,自然と相対するときには,可能な限り積極的な操作を避け,自然に対する人間の影響をなるべく少なくすることを優先するべきである.

放流の増殖効果

　ここまで放流のリスクについて考えてきたが,メリットについてはどうだろうか.魚を放流すれば,個体数が増加すると考えるのは当然だろう.しかし,放流による増殖効果に疑義を投げかける調査結果も数多く存在する.例えばアユについては,放流の効果がよく調べられている.栃木県那珂川で行われた調査では,捕獲されたアユ 326 個体のうち,88% にあたる 278 個体は天然遡上のアユであり,放流魚は約 1 割を占めるのみであった.また,1990 年代に岩手県で行われた調査で,河川で捕獲したアユのうち放流魚が占める割合を調べたところ,盛川では 4%,稗貫川では 78% と,放流魚の割合に大きな差がみられた.両河川ともアユの放流は盛んに行われているが,盛川は海との間に障害物がなく,天然のアユが遡上することができる.一方稗貫川は 1970 年代のダム建設によってアユの遡上が阻害され,局所個体群が壊滅的な被害を受けた歴史がある.個体数密度が比較できないために多分に推測が含まれるが,養殖場という人工的な環境のもとで育てられ,自然の選抜を受けて来なかった放流魚が,自然の厳しい環境のもとで育ってきた天然個体との競争に負けてしまったという事態も想定される.天然環境下で成育した個体が豊富に存在する場所に,人間が飼育した個体を放流することに,増殖効果としてどれだけの意味があるのか,再検討の必要を感じさせる調査結果である.

　生き物は,長い進化の歴史の中で,子孫を増やすためのさまざ

な戦略を適応進化させてきた．人間の干渉がなければ，生き物は自分たちの力でその数を維持，または増加させることができる．生き物がスムーズに子孫を増やすことのできる環境を整えることによって，河川や湖沼の魚や貝や甲殻類の数を維持し，回復させることは可能なはずである．過剰に人間の手を加えず，生き物がその本来の力を発揮する手助けをすることが，これからの個体群管理に求められる姿勢ではないだろうか．

日本のウナギ放流

　これまで，日本各地でウナギの放流が行われてきた．外洋で産卵し，孵化するウナギは，現在でも人工的に産卵させて稚魚を育てることが難しく，このため放流に用いられるウナギのほとんどすべてが，養殖業者から購入されている．遠くマリアナの海で生まれたニホンウナギが，シラスウナギとなって沿岸域までたどりついたところを捕獲し，養殖池に入れて育て，食用として出荷するのがウナギの養殖であり，その一部を購入し，河川や湖沼に放すのが，一般的に行われているウナギの放流である．

　日本におけるウナギの放流には，漁業法に定められた増殖義務に基づいて内水面漁業協同組合が実行しているもののほかに，行政の事業として行われる事業放流，養殖業やシラスウナギ漁業を営む組織が行う自発的な放流や，調査研究のために行われる放流が存在する．これらのうち，規模が大きいのは内水面漁業協同組合の行う増殖義務に基づく放流と，行政の行う事業放流である．

　増殖義務に基づく放流について，全国の約800の内水面漁業協同組合のうち，130組合に対して行われたアンケート調査[7]によると，

---

[7] 2章，脚注12と同じアンケート調査．

2011年から2013年にかけて、合計で年間10tから17tのウナギの放流が行われた。放流個体の大きさから個体数を推測すると、およそ110万から170万個体に相当する。それでも近年は養殖ウナギの価格が高騰しているため、放流用ウナギの購入が難しく、過去の放流量と比較すると減少しているという。

事業放流と呼ばれる活動は、養鰻漁業協同組合連合会などが行う放流行為を、行政が補助するものである。この事業によって、およそ8t程度のウナギが毎年放流されており、上記の内水面漁業協同組合が行っている放流とあわせ、日本全国で毎年、およそ20tから30tのウナギが放流されていると推測される。2014年の国内の内水面におけるウナギ漁獲量が149tであったことと比較すると、放流量の多さを実感できる。

ウナギ放流が抱えるリスク

ウナギの放流は、ウナギ資源の回復を目指して行われているが、すでに述べたように、放流はそれ自体がリスクを含む行為である。分布域の改変について、ウナギが放流されている水域は、現在ウナギが生息する、または過去に生息していた場所であるため、分布域が改変されることは無いように見える。しかし、それは放流されているウナギがニホンウナギである場合に限られる。かつて日本国内の各地で、外来種であるヨーロッパウナギが盛んに放流された時期があった。1980年代の後半より、当時は国際取引が規制されていなかったヨーロッパウナギが養殖用として輸入され、その一部が放流のために売られたようだ。1996年から1998年にかけて、新潟県の魚野川において行われた調査で、産卵に向かう銀ウナギ292個体を捕獲して調べたところ、その93.6%をヨーロッパウナギが占めていた。ヨーロッパウナギは現在、ワシントン条約によって輸出入

が規制されており、また、日本国内ではほとんど養殖されていないことから、今後大量に日本の河川に放流されることはないと考えられる。しかし現在、養殖用のニホンウナギのシラスウナギが激減していることを受け、東南アジアやアメリカから、新たにビカーラ種やアメリカウナギなどニホンウナギ以外のシラスウナギの輸入が増加する傾向にある。現在は外来種の逸出防止がウナギ養殖場の条件とされているが、外来のウナギの養殖が国内で行われている限り、放流を通じて外来種が日本の河川に放されるリスクがある。

ウナギの放流について、遺伝的撹乱に関する問題は、純淡水魚と比較して、それほど重要ではないだろう。第1章で述べたように、ニホンウナギは単一の任意交配集団を構成しており、遺伝的に異なる局所個体群に分割されない。現在の理解では、すべてのニホンウナギは遺伝的に同じグループに属するため、ある河川の個体を別の河川に移したからといって、本来混じり合うべきではない集団の遺伝子が混合されてしまうことはないと考えられる。

病原体の拡散については、専門家の間では最も懸念すべき問題の一つとして認識されている。外来のウナギが日本の河川に放流されることによって、新しい病原体や寄生虫が拡散する可能性が十分に考えられるからである。ニホンウナギの養殖がヨーロッパで試行されたおり、ニホンウナギに寄生するトガリウキブクロ線虫 *Anguillicoloides crassus*（図 3.2）がヨーロッパに侵入した。その後トガリウキブクロ線虫は養殖場から自然の河川へと拡散し、現在では数多くのヨーロッパウナギに寄生している。長い進化の歴史の中で、宿主（寄生される生物）は寄生虫から致命的な影響を受けないように、耐性を進化させてきた。このため、トガリウキブクロ線虫の本来の宿主であるニホンウナギは、この線虫に対する耐性を持っており、寄生されてもほとんど健康に影響はない。しかし、近

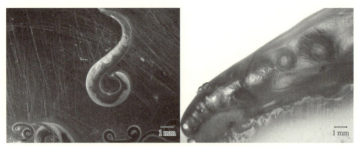

図 3.2 トガリウキブクロ線虫
ニホンウナギのウキブクロに寄生するトガリウキブクロ線虫と，実際に寄生されたニホンウナギのウキブクロ．（写真：片平浩孝）

年になって初めてこの線虫に寄生されたヨーロッパウナギは鰾(うきぶくろ)に異常を来すなど，健康状態に重篤な影響を受ける．現在，トガリウキブクロ線虫の侵入は，乱獲や環境の変化とともに，ヨーロッパウナギに対する大きな脅威の一つとなっている．ヨーロッパウナギにおけるトガリウキブクロ線虫と同じように，ニホンウナギが免疫を持たない寄生虫や病原体が，外来のウナギとともに日本に持ち込まれ，養殖場や自然環境に生息するニホンウナギに広がる恐れがある．放流時に種をチェックする体制とともに，輸入された外来のウナギのトレーサビリティ（流通経路が追跡可能であること）の構築が急務である．

これまで述べた，放流に関する一般的なリスクのほかにも，ウナギの放流に関しては考慮すべきことがある．しばしば指摘されるのが，性比の問題である．一般的に，養殖場で育ったウナギにはオスが多い．養殖場のように高密度の環境で短期間に成長すると，オスになるウナギの割合が高くなるとされるが，そのメカニズムはまだ解明されていない．これに対して，自然の河川で採集されたウナギの性比は，メスに偏っている場合が多い．岡山県児島湾・旭川にお

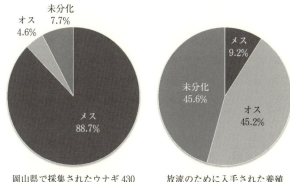

岡山県で採集されたウナギ430　　放流のために入手された養殖
個体の性比　　　　　　　　　　ウナギ239個体の性比

図3.3 自然環境下で採集されたウナギと放流のために購入されたウナギの性比
「未分化」は，生殖腺が未発達でオス・メスの判別がつかなかった個体を表す．放流の
ために購入された個体には体サイズが小さく，性別の判断がつかないものが多い．

ける調査では，採集された400個体以上のウナギのうち，約90%がメスであった．養殖場で育ったウナギで，メスの割合が非常に低いこととは対照的である（**図3.3**）．本来のウナギの性比がどのような割合であったのか，例えば河川で採集したウナギの性比がメスに偏っている現状が適切なのか，判断することは難しい．確実にいえることは，養殖場で飼育されたウナギを河川へ放流することが，自然環境下で育った個体とは大きく異なる性質を持つ個体を自然の中に戻す行為である，ということである．

性比とともに大きな問題は，放流されるウナギが，養殖場で育ったウナギのなかでも，成長の悪い個体であるという点である（**図3.4**）．2013年に養殖が盛んな四つの県をめぐり，合計20の養殖場を訪問して聞き取り調査を行った．その結果，放流用のウナギを販売したことがあると答えた養殖場のほとんどが，成長の悪い個体を選別して売ったと回答している．ウナギの成長は個体による差が大

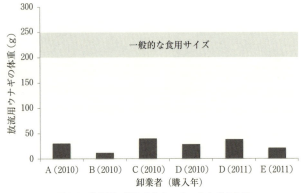

図 3.4 放流用に購入されたニホンウナギの体重

A〜E はそれぞれ異なる卸業者，括弧内は購入された年を示す．一般に消費される養殖ウナギの体重は，200 g から 250 g で，その多くはシラスウナギが養殖池に入れられてから一年程度で出荷される．養殖用に購入された個体は，その購入時期から，購入された前年までに池入れされた個体と考えられるが，その大きさは一般的な食用サイズとはほど遠い．

きいため，養殖の際には，成長の度合いによる選別を頻繁に行う．成長の速い個体と遅い個体で飼育する池を分け，成長の速い個体から順次食用として出荷される．そして，食用として出荷されずに残った成長の悪いグループが，放流用として売られることになる．成長の悪いウナギでも，捨てられるより放流されたほうが，少しでもウナギの減少を食い止めることにつながるという意見もある．しかし，ウナギのためを思って行ったその行為が，ウナギ個体群全体へ大きな悪影響をおよぼす恐れもある．例えばウナギの中には，遺伝的な理由で，生まれつき成長の悪い個体が存在する可能性もある．成長の遅いウナギを選択的に放流する行為は，成長の遅い遺伝的特性を人為的に選択し，次世代に残すことになる．放流を行う場合には，遺伝子の組成に人為的な選別が加わらないよう，細心の注意を払う必要がある．

さらに，ウナギ放流が与える影響は，ウナギにのみとどまるものではない．ウナギは淡水生態系の食物網では，最高位に位置する捕食者である．ウナギの放流を続けることによって，特定の生物が捕食されて減少するなど，既存の生態系のバランスを大きく崩してしまう可能性も考えられる．ニホンウナギの個体数回復だけでなく，水辺の生態系全体に対する配慮も必要とされる．

ウナギ放流による個体群サイズ回復の効果

日本におけるウナギ放流の歴史は古く，例えば第2章2.2で述べたように，福井県の三方湖ではウナギ放流の記録は1897年（明治30年）にまで遡る．しかし，水産庁の主導のもとでウナギ放流効果を検証するための調査研究が本格的に開始されたのは，ごく最近のことである．

それまでウナギ放流の効果検証が行われて来なかった理由の一つは，ウナギの生活史にある．ニホンウナギの場合，放流は成育場にある東アジアの河川や沿岸域で行われるが，再生産を行う産卵場は，遠く離れたマリアナ諸島西方海域にある．このため，放流した個体が産卵に参加していることを確かめるのは，非常に難しい．

放流された個体の生残や成長を追跡するのであれば，放流された個体と，養殖池を経験していない天然の個体を識別する必要がある．色素を皮下に注入する技術などによって放流された個体に標識を付けて，その後の行動を追うことは可能である．しかし，必要とされる作業量が膨大であるため，放流されるすべてのウナギに標識を付けることは現実的ではない．ウナギ以外の魚種においては，近年の分子生物学的手法の発達により，遺伝子の相違から天然個体と放流個体を識別し，放流による個体群サイズ増大の効果を検証している例も多い．例えばアユでは，分子生物学的手法が放流個体と天

Box 4　効果的なウナギの放流

　想定されるリスクが少なく，ウナギ個体群の回復に役立つと考えられる放流手法も存在する．ウナギ放流に関連するリスクのほとんどは，ウナギがシラスウナギとして漁獲された後に，養殖場を経由することによって生じている．したがって，養殖場を経験させずにウナギを放流すれば，リスクを回避できる．ここでは，養殖場を経験しない個体の放流を「移送」と表現し，二つのパターンについて検討してみる．

(1)　シラスウナギの進入が減少した地域への移送：EU が積極的に推進している．北陸地方や東北地方の日本海沿岸など，過去にはシラスウナギが進入していたが，現在は確認が困難になっている地域がある．比較的来遊量が多い南西日本で捕獲した個体を，これら北日本の水系に移送することにより，彼らの生息範囲を拡大することができる．このような，シラスウナギの人為的移送については，懸念の声もある．移送によってウナギのナビゲーション機能が狂い，産卵場に戻ることができなくなる可能性を示した研究も存在するからだ (Westin 2003)．この手法を実行する場合には，慎重な議論を行い，モニタリングによって結果を詳細に監視することが必要とされる．

(2)　河川横断工作物の上流への移送：ダムなどウナギの遡上を阻害する構造物の下流側で捕獲した個体を，障害物を越えて上流側へ移送する．汲み上げ放流とも呼ばれる．同一水系内で捕獲と放流を行うために，ナビゲーション機能の障害となる可能性は想定しにくい．構造物上流への移送を行うにあたっては，移送した個体の降河回遊の安全性を確保することが重要になる．特に水力発電用のダムが存在する場合は，降河回遊時に発電用タービンに巻き込まれないよう，対策が必要となる．また，この方法で救われるのは対象種のみであり，例えばニホンウナギの移送を行った場合，ニホンウナギ以外の回遊性魚類・甲殻類の状況は改善されないことにも注意が必要

> だ．回遊の障害について考えたとき，構造物上流への移送はあくまで緊急避難的な措置であって，本当の解決策ではないことを認識しておく必要がある．根本的な対策については，Box 9「世界で進む河川横断工作物の撤去」を参照のこと．
>
> 　最もリスクが低く，メリットを期待できるのは，河川横断工作物の上流への移送だが，どのような場合についても，放流する個体は河川や沿岸域で捕獲した後，すぐに自然へ戻すことが重要である．飼育を経験すれば，成長速度などに対してなんらかの人為的な選択を受けるとともに，寄生虫などの病原体を拡散させる可能性が高くなる．
> 　ウナギは成長とともに移動性が低下し，定着性が高まる．このため移送の対象としては，新しい環境に適応する能力が高いと考えられる小型個体，例えば20 cm以下の個体とすることが望ましい．

然個体の判別に利用されているが，これは，アユが一つの水系の中で再生産を繰り返し，水系ごとに遺伝的に異なる局所個体群を形成しているために可能なことである．ニホンウナギの場合，個体群全体が一つの任意交配集団を形成し，遺伝的な違いのある局所個体群に分割できないため，ある河川に生息している天然のニホンウナギと，外部から持ち込まれて放流されるニホンウナギとを遺伝的に区別することは難しい．

　ウナギの天然個体と放流個体の識別が困難であるからといって，放流による個体群回復の効果が不明のまま放置しておくことはできない．放流にどの程度の効果があるのかという問題だけでなく，放流によってウナギ個体群や既存の生態系が深刻な被害を被っていないのか，ほかの手法と比較してより効果的といえるのか，早急に確認する必要がある．現在，中央大学，水産総合研究センター増養殖研究所（現在の水産研究・教育機構），東京大学などが協力して，

ニホンウナギの天然個体と放流個体を識別する手法の開発を進めている．ウナギの場合は，放流個体と天然個体の違いは，養殖場において人間の管理下におかれた経験の有無にある．養殖場の飼育水温は27℃から30℃と，日本の河川の平均水温と比較して高い．また，養殖場で与えられる餌は海で捕れた魚を粉末にしたものが主体で，天然のウナギが河川で摂餌するものとは大きく異なる．現在進められている天然個体と放流個体の識別法の開発では，これら経験してきた環境の相違が，耳石を構成する酸素と炭素の安定同位体比に現れることを利用している．この技術開発が成功すれば，ウナギの放流が，個体群の回復に対してどの程度の効果をもたらしているのか，検証することが可能になるだろう．

現在行われているウナギの放流に，さまざまなリスクがあることは明らかであり，今後，放流を続けていくのであれば，放流による個体群回復のメリットが，前述のリスクを含むさまざまなデメリットを上回っていることを明確に示す必要がある．現在のところ，放流によってニホンウナギの個体数が増加しているのか，ほとんど情報がない．つまり，放流によるメリットがわからない状態にある．想定されるリスクを考慮すれば，現時点では，少なくともこれ以上の放流拡大は避けるべきだろう．

3.3 望ましい対策——漁業管理

放流のように，人間が積極的に自然を操作する行為は，リスクを免れない．より安全な方法は，人間が自然におよぼす害を低減し，ニホンウナギ自らの再生産能力によって個体数を維持または増大させることである．まず取り組むべきことは消費の抑制，なかでも漁業管理ではないだろうか．

日本のウナギ漁業管理の現状

　国の行政によって漁業管理が行われているサンマ（*Cololabis saira*）やスルメイカ（*Todarodes pacificus*），マサバ（*Scomber japonicus*）などと異なり，ウナギ漁業は都道府県の漁業調整規則に従って行われている．つまり，ウナギ漁業の管理は，国ではなく都道府県に任せられているといえる．内水面における黄ウナギ・銀ウナギの漁獲量が多い愛知県，宮崎県，青森県の漁業調整規則を見てみると，小さいウナギの漁獲を禁止する，サイズ制限が設けられている．

- 愛知県：全長20センチメートル以下（佐久間湖においては，全長30センチメートル以下）（愛知県漁業調整規則第35条）
- 宮崎県：全長25センチメートル以下（宮崎県漁業調整規則第36条）
- 青森県：全長30センチメートル以下（青森県内水面漁業調整規則第26条）

　ニホンウナギのシラスウナギの全長はおよそ6 cmであるため，上記のサイズ制限によって，シラスウナギ漁は禁止されていることになる．このため，県知事より認可される特別採捕許可を受け，サイズ制限の適用を除外されることによって初めて，シラスウナギ漁を行うことが可能になる．

　シラスウナギ漁には漁期と漁獲量の上限が定められている．漁期について，例えば日本で最も漁期の短い高知県では，12月11日から翌年3月15日までの95日間と定めている．漁獲量の上限について，瀬戸内海に面する岡山県では，県内のシラスウナギ需要の消滅とともに商業用採捕の許可が発行されなくなった2003年ま

Box 5　漁業日誌のチカラ

　ニホンウナギ個体群の回復のためには，適切な漁業管理が必須である．適切な漁業管理の基礎となる情報は，個体群サイズと漁獲量の動態であり，これらの情報を得るためには，正確な漁獲量と漁獲努力量のデータが欠かせない．漁労を行った日ごとに，漁労を行った場所，使用した漁具の種類や個数，参加した人数や時間，漁獲物の種類と量を記載した漁業日誌が，これらのデータを与えてくれる．

　本文や Box 1 でも述べたように，日本が有しているウナギに関する統計のほとんどは，漁獲努力量の情報が欠如している．今後，適切な対策を講じるためには，現状を正確に把握し，対策の結果をモニタリングする必要がある．漁業日誌はその情報を提供してくれる，強力な武器である．

　漁業権は，それを持たないものの漁労を認めない，排他的な権利である．このような強力な権利を有する漁業者には，資源を持続的に利用する義務がある．資源の持続的利用を実現させるための重要な手段の一つである漁業日誌については，その義務化も視野に入れ，普及させるための対策を講じることが求められる．

　漁業日誌は，対象生物の保全と持続的利用に有用なだけではなく，漁業者自身をも守ってくれる．河川で行われる工事や，農業・工業・生活排水の流入など，漁場に何らかの変化があった場合，「漁獲量が減った気がする」という感覚ではなく，「単位努力量当たりの漁獲量，つまり密度指数がこれだけ減少した」と数値で示すことができれば，事業者との交渉もスムーズになり，行政も迅速な対応が可能になる．また，漁業者自身が水産資源の維持や回復のために行っている対策にどのような効果があるのか，自ら知ることができる．

　しかし残念なことに，海面，内水面に共通して，ウナギ漁を行う漁業者のほとんどは漁業日誌を付けていない．資源を守り，漁業者を守る漁業日誌を記載する漁業者が増えれば，持続的なウナギ漁業の実現に大きく近づくだろう．

で,年間の採捕許可数量は例年 100 kg であった.しかし,少なくとも 1988 年以降,実際に 100 kg まで漁獲された年はなく,許可数量に対する実際の漁獲量の割合は 5% から 48%,平均 35% であった(岡山県調べ).岡山県は元々シラスウナギの漁獲量が多い地域ではないが,シラスウナギ漁の盛んな静岡県でも状況は似ており,2005 年から 2014 年までの採捕許可数量に対する実際の漁獲量の割合は 14% から 85%,平均 49% であった(静岡県調べ)[8].また,同様に鹿児島県では,2005 年から 2014 年までの許可数量に対する実際の漁獲量の割合は 6.4% から 69.3%,平均 36.2% であった(鹿児島県水産振興課提供).許可数量によって漁獲量が削減されている場合は,許可数量の上限まで漁獲が行われ,漁獲量と許可数量がおよそ一致するはずである.しかし,現在の状況を見ると,どの県でも規定されている採捕許可数量は実際の漁獲量を大幅に上回っている.このことは,漁獲量の制限が,シラスウナギ漁獲量を抑えることには役立っていないことを意味する.個体群サイズが安定している種や,あまり需要の高くない種であれば,このような状況も許容できるかも知れない.しかし,ニホンウナギのように,個体群の減少が大きな問題となっている種において,漁獲量の削減がなされず,捕れるだけ漁獲できるような状況が現在も続いていることは,大きな問題といえるだろう.

　漁獲量の削減がなされない理由は,採捕許可数量の設定方法にある.シラスウナギの採捕許可数量は,一般的にウナギ養殖業者のシラスウナギ需要から算出する.資源の状態ではなく,おもに需要を考慮して採捕許可数量が決定されるために,個体群サイズが減少を

---

[8] 2016 年 4 月,静岡県は池入れ量上限に達したために,シラスウナギ漁を漁期途中で打ち切ることを発表した.池入れ量制限がシラスウナギ漁獲量を削減した,全国で初めての事例となる.

続けていることが社会的な問題になっても、漁獲量を削減する実効力を持つ許可数量は設定されない。このような状況は、例として挙げたいくつかの県に特殊なことではなく、日本国内のほとんどすべての都道府県に共通している。本節後段では、2014年に始まったシラスウナギの池入れ量制限に関する同様の問題点について説明するが、ニホンウナギの漁獲量が急激に減少し、資源の枯渇が社会的な問題になっているにもかかわらず、シラスウナギの漁獲量を削減する実効力のある量的規制は、現在のところ存在しない[9]。

　黄ウナギおよび銀ウナギ漁の規制について、都道府県の内水面漁業調整規則を調べてみると、まず前述のサイズ規制が見られる。しかし、20〜30 cm 以下の黄ウナギは、もともとあまり食用として利用されていない[10]。したがってこの規制は、養殖を目的としたシラスウナギの漁獲を制限する機能は持つが、黄ウナギ・銀ウナギ漁獲量の制限として機能するものではない。内水面漁業調整規則が制限しているのは、おもに漁法と漁場、漁期であって、量的な制限については、シラスウナギについて紹介したような、漁獲量を削減する効果を持たない規制すら存在しない。ただし、産卵回遊に向かう銀ウナギについては、近年漁獲を規制する動きが出始めており、このことについては本節後段において紹介する。銀ウナギについては漁獲規制を進める動きがあるものの、成育期にある黄ウナギは、現状では量的な制限を一切受けずに捕獲できる。

---

[9] 本章 3.5 節「ヨーロッパの先行事例に学ぶ」で紹介するように、EU では捕獲したシラスウナギの 60% を自然環境に戻すことが定められているため、確実に漁獲量が削減される。

[10] 一般的に食用とされる養殖ウナギの重さが 200 g から 250 g であるのに対して、30 cm の天然ウナギの体重は 30 g 程度である。

表 3.2 漁業管理手法の比較

漁業管理のタイプ	方策の例	メリット	デメリット
インプットコントロール	漁船の隻数・トン数の制限 操業日数の制限 漁具・漁法の制限	基礎的・長期的規制の実施に適する．複数の水産資源を対象とできる．制度運用のコストが低い．取り締まりと監視が比較的容易．小型魚の保護や個別漁業者への対応が可能．	柔軟で機動的な管理に不向き．効果や影響の評価が難しい．
テクニカルコントロール	漁期の制限 漁場の制限 網目の大きさの制限		
アウトプットコントロール	漁獲量の制限（個別割当も含む）	資源の増減に応じ，機動的な管理が可能．手法や目的が客観的．	漁獲枠の設定にコストを要する．小型魚の保護には適さない．

水産庁「TAC 制度の課題と改善方向（案）（中間取りまとめ）」http://www.jfa.maff.go.jp/j/suisin/s_yuusiki/pdf/siryo_08.pdf（最終アクセス 2016 年 4 月 11 日）を参考にまとめた．

日本の漁業管理の問題

　漁業管理の手法は，漁具漁法の種類，および船・漁具の大きさや数を規制する「インプットコントロール」，漁期や漁場，漁獲可能サイズなどを規制する「テクニカルコントロール」，漁獲量を規制する「アウトプットコントロール」に大別される（**表 3.2**）．日本では，インプットコントロールとテクニカルコントロールが漁業管理の主要な手法として用いられ，漁獲量を直接規制するアウトプットコントロールは近年までほとんど実施されてこなかった[11]．

　アウトプットコントロールには，資源量の評価から水揚げ・流通量の調査・管理まで多大な労力が必要とされる一方で，インプット

---

[11] 漁獲量制限の代表的手法である，TAC（漁獲可能量）に基づいた漁業管理が日本に導入されたのは，1997 年のことである．

コントロール・テクニカルコントロールは制度運用のコストが低く、監視も容易であることがその理由である。しかし、適切に運用がなされれば、アウトプットコントロールこそが、資源の持続的利用に対して、より頑強な手法である。

ウナギ漁を管理する都道府県の漁業調整規則を見てみると、漁具・漁法や漁期、漁獲可能サイズに関しては詳細な記載があるが、量的規制に言及しているものはほとんど見かけられない。海面、内水面を問わず、量的な規制、アウトプットコントロールが浸透していないことは、現在の日本の漁業管理の大きな課題だろう[12]。

アウトプットコントロールを行うには、資源量の推測から漁獲量上限の決定、実際の漁獲量の監視など、多くのコストが必要となる。そのコストを行政が負担するにせよ、または漁業者が負担するにせよ、どちらにしても最終的には、税金または水産物の価格として、市民がコストを負担することになる。水産資源を持続的に利用するためにある程度のコストを許容するのか、または資源の枯渇というリスクとともに目の前のコストを回避するのか、適切な判断が求められている。

漁業管理の試み(1)——シラスウナギ池入れ量の制限

2014年より、シラスウナギの漁獲量を制限する試みが水産庁の主導によって始められている。管理すべき地理的な範囲が広いうえに、簡易な道具で実行でき、反社会的組織も関与するシラスウナギ漁の管理は、非常に難しいと考えられている。そこで水産庁は、池入れ量、つまり養殖場に導入するシラスウナギの量を管理すること

---

[12] 実際に内水面のウナギ漁業にアウトプットコントロールを導入するには、現実的にさまざまな問題がある。代替案については、Box 7 を参照のこと。

によって，間接的にシラスウナギの漁獲量を管理することとした．間接的ではあるが，ウナギの漁業管理にアウトプットコントロールを導入した，画期的な試みである．

ウナギ養殖およびシラスウナギ漁に関心を持つ日本，中国，韓国，台湾の4ヶ国が協議を行い，2014年末から始まるシラスウナギ漁獲期（2015年漁獲期とする）より，4ヶ国全体のシラスウナギ池入れ量を2014年漁獲期の2割減，日本については21.6 tまでとすることが決められた．これにあわせ，日本ではウナギ養殖業を許可制とし，養殖業者に池入れ可能な数量を割当て，池入れ量や出荷量などの情報を行政に提供することを義務づけた．

このシステムが適切に機能すれば，養殖に用いられるシラスウナギの量をコントロールし，間接的にシラスウナギ漁獲量の制限を行うことができる．しかし，現状では多くの問題が存在する．最大の問題は，池入れ量の決定方法が明確に定められていないことである．池入れ量の基準とされた2014年漁獲期は，2010年以降続いた不漁の年と比べ，比較的多くのシラスウナギが捕れた．2013年漁獲期の国内シラスウナギ漁獲量が5.2 tであったのに対し，2014年漁獲期は17.3 tと，3倍以上の違いがある．このため，2014年漁獲期の8割と定められた2015年漁獲期の池入れ量の上限は，2010，2012，2013年の池入れ量を上回っている．2015年の池入れ量は実際に，18.3 tと，上限の21.6 tには届かなかった（図3.5）．2015年漁獲期については，池入れ量制限は漁獲量を削減する効果を発揮せず，漁業者は取れるだけのシラスウナギを漁獲したことになる．

現在はデータが不足しているために，持続可能なシラスウナギの漁獲量を推測することは難しい．このため，2014年に決定された池入れ量の削減幅が，根拠を持たない政治的な決定になったことは仕方がないだろう．しかし，資源を持続的に利用するためには，科

Box 6　人工種苗生産技術はニホンウナギを救うのか？

　近年，ニホンウナギの人工種苗（人工的に育てられたシラスウナギ）生産技術の開発は飛躍的に進み，商業的な応用も，近い将来に実現する可能性があるという．人工種苗生産技術がニホンウナギの保全と持続的利用に資するためには，人工種苗をシラスウナギ漁業管理の枠組みの中に，適切に組み入れる必要がある．

　日本，中国，台湾，韓国によるシラスウナギの池入れ制限量が，天然種苗の池入れ量のみを意図しており，人工種苗はこれに上乗せして養殖に用いてよいということであれば，人工種苗生産技術はシラスウナギの漁獲量を削減する効果を持たず，したがって本種の保全と持続的利用には貢献しないことになる．一方で，現行の池入れ制限量が人工種苗をも含んだ数値であれば，人工種苗の普及によってシラスウナギの漁獲量が削減される可能性がある．

　この問題は，ニホンウナギ人工種苗の商業的利用が実現するまでに明確にされる必要があり，本種の持続的利用を目指すのであれば，とうぜん現行の枠組みで指定されている池入れ量に人工種苗を含め，人工種苗を利用した分だけ天然のシラスウナギの漁獲量が減少する仕組みを構築しなければならない．

　例えば，人工種苗については，その5割の量を池入れ量として換算するというシステムも考えられる．池入れ量は県ごと，養殖場ごとに割り当てられているため，100 kgの人工種苗を養殖場に池入れすれば，配分されている量よりも50 kg多くシラスウナギを池入れできる．この場合，計算上は50 kgの天然のシラスウナギが漁獲を免れることになる．

　現在研究途上の人工種苗生産では，奇形率や死亡率の高さが問題とされている．人工種苗が商業的に応用されたとしても，天然種苗よりも死亡率が高く，買い手がつきにくいことも予想される．上記のシステムは，この技術の商業的応用が始まったとき，人工種苗の導入を促進する機能も果たすだろう．

日本が世界を牽引し，開発を進めてきた人工種苗生産技術が，ニホンウナギを含めたウナギの保全と持続的利用に貢献できる素地を形作るため，可能な限り早急に議論を開始する必要がある．

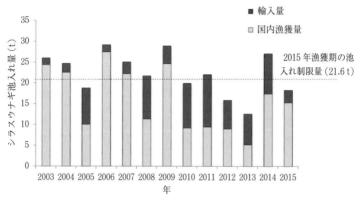

図 3.5 シラスウナギ漁獲量と池入れ制限量

2015 年漁獲期の池入れ量 (18.3 t) は，制限量 (21.6 t) に届かなかった．グラフは水産庁資料「ウナギをめぐる状況と対策」を元に作成．
http://www.jfa.maff.go.jp/j/saibai/unagi.html（最終アクセス 2016 年 4 月 25 日）

学的根拠に基づいて池入れ量の上限を決定する必要がある．その決定方法を早急に議論し，実現のための明確なロードマップを示すことができなければ，せっかくニホンウナギの持続的利用を目指して始まった新しい試みが，形だけのものに終わってしまう可能性がある．

漁業管理の試み (2)——銀ウナギの漁獲制限

銀ウナギは産卵場で生まれて以来，数多くの困難を乗り越えて生き残り，産卵に参加するために川を下る．再生産に寄与する可能性

Box 7　黄ウナギの漁業管理の進め方

　シラスウナギと銀ウナギについては，漁業管理の試みが始まっているが，成育期にあたる黄ウナギの保護もまた重要である．持続的な利用を目的としたときには，漁獲量を制限するアウトプットコントロールが理想ではあるが，河川で捕獲された黄ウナギの大部分が自家消費されている現状では，その導入は現実的とはいえない．アウトプットコントロールによる漁獲量制限は将来の課題とし，漁期，漁獲努力量，漁場の制限など，インプットコントロールとテクニカルコントロールについて，その実効性を検討する．

(1) **漁期の制限**：日本の漁業では，漁期の制限は一般的に漁獲のピーク時を避けたシーズンの初期と終期になされることが多く，漁獲量を削減する効果はあまり期待できない．銀ウナギの保護のために禁漁期間を設定することは重要だが，黄ウナギの漁業管理という視点からは，漁期の制限を重要視する必要はないだろう．

(2) **漁獲努力量の制限**：漁具の数や出漁日数など，漁獲努力量を制限することで，漁獲量を削減する対策も考えられる．海面におけるウナギ漁業では，一人当たりの漁具数に上限が設けられている場合が多いが，内水面の規則では，漁具数に制限がない場合も多いようだ．ウナギに対する漁獲圧を適切に管理するためには，漁業者一人当たりではなく，漁場または水域面積当たりで上限を決定するべきである．例えば，漁業協同組合で使用できる最大の漁具数を設定し，組合員の人数で割ることで，一人当たりの漁具数を決定する方法が考えられる．

(3) **漁場の制限**：漁場の制限，つまり禁漁区の設定は，黄ウナギの生残率の向上に大きな効果を持つと考えられる．各漁業協同組合または各水系で，水域面積のうちの一定の割合，例えば3割程度を禁漁区として設定することが推奨される．禁漁区の設定に関しては，当該水域が黄ウナギの成育にとって適切な環境であることが必要とさ

> れる.このほか,禁漁区が特定の環境に偏らないように,また,漁業者や遊漁者に禁漁の負担が公平に配分されるように,水系全体に禁漁区を分散して配置することが求められる.
>
> 漁期の制限には漁獲量削減の大きな効果は期待できず,また,漁獲努力量の制限については違反操業の監視が難しい(水中に設置された漁具の数を数えることは困難)ことを考えると,黄ウナギの漁業管理として最も効果的なものは,禁漁区の設定だろう.禁漁区の設定を軸に,漁期と努力量の制限を組み合わせることによって,アウトプットコントロールを用いないでも,適切な漁業管理ができる可能性は十分にある.

の高い銀ウナギを漁獲・消費することは,ウナギ個体群に大きな影響を与えるだろう.前述のように,この銀ウナギを優先的に保護する取り組みが,鹿児島県を発端として,宮崎県や熊本県,高知県など複数の県で導入されている.

この規制では,銀ウナギが降河回遊に向けて河川から海へと下る晩秋から初冬の時期,ウナギを禁漁期としている.それにより,おそらくほとんどの銀ウナギが漁獲されることなく産卵回遊に旅立つことができるだろう.

鹿児島県では銀ウナギの漁獲制限に加えて,シラスウナギの漁獲期間の短縮も実施している.銀ウナギの漁獲制限を求めるのは,産卵親魚の増加によってシラスウナギの来遊量が増加することを期待する,シラスウナギ漁業者やウナギの養殖,流通に関わる業界である.その一方で,黄ウナギと銀ウナギを漁獲対象としている河川のウナギ漁師は,シラスウナギの漁獲量を減らすことによって,河川内で生き残るウナギの数を増やし,ウナギの漁獲増につなげたい.短期的には双方の利益が相反するが,痛み分けの解決策として銀ウ

Box 8 責任ある流通と消費

　昨今の日本の食品流通では,「食の安全性」に関する問題については,多少とも配慮されるようになってきた.しかし,「食の持続性」,特に水産物の持続性に関する意識については,必ずしも高まっているとはいえない.一人ひとりの消費者が,自分の口に入るものの安全性とともに,その持続性を意識するようになれば,問題の解決に向けた大きな一歩を踏み出せるのではないだろうか.

　ニホンウナギの流通に関しては,密漁や密売の問題が大きい.密漁・密売を減らすためには,シラスウナギ漁の現場から消費者までのすべての過程を含むトレーサビリティ・システムを確立する必要がある.流通過程を追跡することが可能な,新しいシラスウナギ流通管理システムの構築のため,外食産業や小売店を含め,流通に関わる業界をあげて,行政とともに努力することが望まれる.

　消費量の削減についてはどうだろうか.個々の消費者が食べる回数を減らすことによって,ニホンウナギ全体の消費量を削減する方策については,その現実的な効果は疑わしい.いまやウナギ食文化は国際化しており,一国の,一部の消費者の消費行動で全体の状況を変化させることは難しいだろう.科学的なデータに基づいて持続可能な漁獲量の上限を設定し,遵守するシステムを構築すれば,「絶滅に追いやっているのではないか」という後ろめたさを感じずに,美味しくウナギを食べることができるようになる.流通や外食に関わる業者も,「ウナギを捕りつくしている」と後ろ指差されることなく,ウナギ食文化の担い手として,胸を張って商売することができる.

　シラスウナギの流通管理システムの構築についても,持続可能な消費量の設定についても,行政の指導力無しには実現し得ない.行政の強力な指導力を引き出すのは,強い市民の声である.消費者については,まずウナギの現状に,正面から目を向ける必要がある.「密漁・密売されたウナギを知らずに食べるのは嫌だ」「事実上無制限にウナギを消費するのは嫌だ」という社会的なコンセンサスが得られれば,行政

も強い指導力を発揮できるようになるだろう．

ナギの漁獲制限とシラスウナギの漁期短縮が同時に導入された．鹿児島県では，銀ウナギが産卵回遊を開始する10月から12月までをウナギの禁漁期間とし，あわせてそれまで150日程度あったシラスウナギの採捕期間を，約60日間短縮した．このような先進的な取り組みが成功したのは，養殖業者や漁業者，行政が直接話し合うことのできる，鹿児島県鰻資源増殖対策協議会が機能したためである．短期的な利害の対立する関係者であっても，直接話し合うことによって，長期的な展望をふまえた打開策で合意することが可能なことを示した好例である．

3.4 持続可能な利用のための対策——成育場の環境回復

ニホンウナギの保全と持続的利用のためには，成育の場である河川や沿岸域の環境を整えていく必要がある．成育場の環境回復については，どのような視点が重要なのだろうか．

自然分布域の把握

成育場環境の改善を考えるとき，まず第一に，ニホンウナギの自然分布域，すなわちニホンウナギがシラスウナギとして海洋から進入し，成長している空間範囲を把握する必要がある．第2章2.2「ニホンウナギ分布の歴史的変動」で紹介した福井県三方五湖には数多くのニホンウナギが生息しているが，シラスウナギの進入は確認されておらず，そのほとんどは養殖場から購入され，放流された個体であると推測される．同様に，日本でも有数のウナギ漁獲量を誇る青森県の小川原湖についても，その多くは放流されたウナギである可能性が報告されている．

多くの河川や湖沼でウナギの放流が行われている日本では，ある水系にニホンウナギが生息しているからといって，その地域にニホンウナギが進入しているとは限らない．自然分布域を把握するためには，シラスウナギの進入状況と天然個体／放流個体を判別する調査を全国で実施する必要がある．

降河回遊生態とニホンウナギの環境適応力

淡水魚には，特定の環境にのみ生息するものが数多く存在する．例えば，環境省のレッドデータブックで最も絶滅リスクが高い絶滅危惧 IA 類に分類されているハリヨ（*Gasterosteus microcephalus*）は，水温が 20 度以下，緩やかな流れで底質が泥か砂泥の，営巣に用いる水草が存在する環境に生息する．また，ニホンウナギと同じ絶滅危惧 IB 類に分類されているネコギギ（*Pseudobagrus ichikawai*）は，河川中流域の流れの緩やかな清流，なかでも水深が 50 cm 以上の淵や淀みで，岸にはヨシなどの植生，河床には大小の浮き石がある環境に生息する．

淡水魚の保全を考える場合は，当該種が好む環境，必要とする環境を調べ，その環境を復元することが重要とされてきた．ごく限られた狭い水域の中で成長と繁殖を行い，特定の環境に依存するように進化してきたハリヨやネコギギに対しては，このような対策も有効だろう．

これに対して，ニホンウナギは河川上流域から沿岸域まで，急流から止水域まで，清流から硫黄臭のする汚れた水の中まで，そして，生物多様性がよく保たれた水域から外来生物の占有率の高い水域まで，実に幅広い環境に生息している．外洋の産卵場から成育場である河川・沿岸域へと受動的に輸送され，多様な環境の成育場へ進入する生態を持つニホンウナギは，あらゆる河川・沿岸域の環

境に耐えられる能力を必要とする．このため，ニホンウナギの保全と持続的利用を進めるうえでは，特定の「ニホンウナギに好適な環境」を作り出すのではなく，かつて河川や沿岸域が有していた，本来の多様な環境を取り戻す必要がある．

河川・沿岸域の環境回復

　ニホンウナギの成育場である河川や沿岸域の環境をどのように改善すべきか．第一に，水域間のつながりは，高いほどよい．海と川，水田と川のつながりを改善させることは，成育の場として利用可能な水域面積を広げるため，その効果は大きい．ただし，遡上した個体が成長し銀ウナギになったとき，無事に川を下り，産卵場へ向かうことができるように配慮する必要がある．

　河川の環境を質的に改善させる場合は，前述のようにそれぞれの河川の本来の姿を目標として設定することが重要である．コンクリートや矢板による護岸は，可能な限り土と植生に覆われた状態に復旧する．それによってウナギの隠れ家が増え，ミミズなど陸上の餌生物も供給されやすくなる．水深についても，浅くて流れの速い瀬と淵が交互に連なる河川本来の姿を取り戻すことが重要である．これまで行ってきた調査では，瀬には小型個体が，淵には大型の個体が住みついていることが多く，成長段階によって異なる環境を使い分けている可能性が示唆される．沿岸域については，河口付近の干潟の保護と回復が重要な課題だろう．

　河川環境の質的な改善を河川全体で行うには，長い時間と多大な労力が必要とされる．費用対効果の面から考えると，まずは水域間のつながりの改善を優先し，平行して質的な改善を長い目で進めていくことが，現実的なやり方と考えられる．

Box 9　世界で進む河川横断工作物の撤去

　ニホンウナギだけでなく，さまざまな通し回遊性の魚類や甲殻類の遡上と降河に大きな影響を与えている河川横断工作物について，工作物の撤去という根本的な対策が，日本を含む世界各地で行われている．

　アメリカの野生生物を管理する Fish & Wildlife Service によれば，アメリカではすでに 200 以上の工作物が撤去または改善され，河川長で約 2000 km，流域面積で 5000 万 m^2 以上の生息域が，アメリカウナギを含む水生生物に対して開放された[†1]．2004 年に撤去されたヴァージニア州のエンブリーダムについては，撤去後にダムの上流全域においてウナギ個体数の増加が確認されており，河川横断工作物の撤去が，ウナギ個体群の回復に対して効果的であることが示されている．

　日本でも，同様の動きは始まりつつある．2012 年より開始され，2017 年に完了する予定の荒瀬ダム（熊本県球磨川）の撤去は，画期的な事例である．今後，ニホンウナギを含む水辺の生き物がどのように回復していくのか，調査の結果が待たれる．東アジアに広がるニホンウナギの広大な分布域には，数えきれない河川横断工作物が彼らの遡上を阻んでいるが，荒瀬ダムの撤去は，日本を含むアジア全体で初のダム撤去事例とされている．ニホンウナギが遡上・降河しやすい環境を整備するためには，荒瀬ダムのような事例を全国へ，東アジアへ広げていく必要がある．

　現在存在する，おびただしい数の河川横断工作物を今後も維持するとなれば，将来老朽化した工作物の改修費用が，国と地方の財政を圧迫することになるだろう．環境と財政の両面から考えても，早い時期に個別の工作物の必要性を再評価し，必要性の高いもの以外は撤去を進める必要がある．また，必要性の高い工作物については，可能な限

[†1] U.S. Fish and Wildlife Service > News Release > American Eel Population Remains Stable, Does not Need ESA Protection
http://www.fws.gov/northeast/americaneel/pdf/AmericanEel_newsrelease_notwarranted2015.pdf（最終アクセス 2016 年 4 月 4 日）

り水生生物の移動の妨げにならない構造に改善することが望まれる[12].

図　河川横断工作物による遡上の阻害の解消例
静岡県興津川にあったコンクリート落差工と床止め（左図）は，国土交通省の
「魚が上りやすい川づくり推進モデル事業」の一部として，2004年に全面に巨石
を配置した構造へと改修された（右図）．このような改修により，ニホンウナギ
を含む多くの水生生物が上下流へスムーズに移動することができるようになる．
左図の矢印は，水の流れる方向を示す．（写真：静岡県）

地域で取り戻す河川と沿岸域本来の姿

　河川や沿岸域など，地域ごとに特性の異なる環境を回復させてい
くためには，それぞれの地域に住む人々が，回復を進める主体とな
る必要がある．地域に居住する当事者自身が，かつての地域の自然
の特徴を掘り起こしていく画期的な活動がある．

　福井県の若狭地方に，鰣川という河川がある．コイ科の肉食魚，
ハスが生息していたことから鰣川と名付けられたが，この水系のハ
スは，1993年を最後に現在まで確認されず，局所絶滅した可能性
が高い．このハスをシンボルとして，在りし日の河川と地域の姿を

---

[12] 河川横断工作物への具体的な改善策は，国土交通省河川局の「魚が上りやすい川づ
くりの手引き」に詳しい．
http://www.mlit.go.jp/river/shishin_guideline/kankyo/kankyou/sakana_tebiki
/index.html（最終アクセス2016年4月4日）

Box 10　河川の自然を回復する

　河川を自然の状態に近づけることが，ニホンウナギの個体群の回復を促進する．自然を守りながら河川管理を行う方法は，国土交通省によって，ある程度明示されている．

　国土交通省が「すべての川づくりの基本」として2006年に発表した「多自然川づくり基本方針」では，「多自然川づくり」を「河川全体の自然の営みを視野に入れ，地域の暮らしや歴史・文化との調和にも配慮し，河川が本来有している生物の生息・生育・繁殖環境及び多様な河川景観を保全・創出するために，河川管理を行うこと」と定義し，実施の基本として「可能な限り自然の特性やメカニズムを活用すること」を掲げている．ニホンウナギ個体群の回復を目的として，河川や沿岸域の環境回復を進めるべき方向を考えても，同様の結論に至るだろう．

　具体的な管理方策について，国土交通省河川局が2010年に発表した「中小河川に関する河道計画の技術基準について」を見ると，水生生物の遡上や降河を阻害する落差工などの河川横断工作物の設置は極力避け，どうしても必要な場合には，生物移動の連続性や景観に十分配慮することとされている．また，川岸の環境についても，護岸設置の必要性を慎重に判断し，設置する場合は生物の生息空間・移動経路としての機能を持つように，植生やその基盤となる土砂の堆積を確保するなど，できる限り自然な変化を持つ川岸とする配慮が求められている．

　手を加え過ぎず，河川の自然の状態を可能な限り守ろうとする，上記の指針に従って河川管理が行われることで，現在残されている河川の成育場の環境を守ることができるだろう．今後は，過去に自然への配慮が十分になされないまま改変が行われた環境を，回復させることが重要になる．すでに，河川を自然に近い状態に戻す理念と技術は存在する．現在の課題は，いかにして実行するか，という部分にある．

図3.6 小学生が描いた地域の昔の自然の風景

取り戻そうと活動しているのが,地元の環境保全団体であるハスプロジェクト推進協議会だ.彼らは地元の人々とともに,地域の昔の自然の姿を探る活動を続けている.

　小学生が自分の祖父母や近所のお年寄りなどにお話しを聞いて,地域の昔の姿を学び,その結果を絵にして社会で共有する.この作業によって,まだ人間の影響が比較的少なかった時代の河川のイメージを描くことができる.また同時に,次の世代を担う子どもたちが,年長者と触れ合いながら,地域の自然について考えるきっかけにもなっている.意図したものかどうか不明だが,子どもたちの書いた絵のなかには,当時の自然の状況を詳細に伝えるものがある(図 3.6).

水辺の生物多様性の回復——指標種・シンボル種としてのウナギ

　ニホンウナギは,水辺の生態系の健全性を考えるうえでの指標種とすることができる.第一に,ニホンウナギは降河回遊魚であり,河川の上流域から沿岸域までを成育の場として利用する.このため,海と川のつながりを評価する指標として,本種を利用することができる.例えばニホンウナギが遡上できる河川であれば,海と川のつながりは良好であり,ダムなど人為的影響によって遡上できな

Box 11　生態系インフラストラクチャー

　1997年に河川法が改正され，それまで河川法の目的とされていた「治水」と「利水」の二点に加え，「河川環境の整備と保全」が追加された．人間の生命および財産を守る「治水」，農業，工業，飲用のために水を利用する「利水」，人間の憩いの場や野生生物の生息の場を提供する「環境」，三つの要素をすべて満たすような河川管理を実現するものに，多様な機能を発揮することが可能な「生態系インフラストラクチャー」がある．

　「生態系インフラストラクチャー」とは，欧米で進められている「グリーン・インフラストラクチャー」を基に，より生態系の諸機能を活かしたインフラストラクチャーを意味する言葉として，日本学術会議自然環境保全再生分科会より提案された[†1]．生態系インフラストラクチャーは，同一の土地に多様な機能を持たせる効用を持つものと想定され，その機能として野生生物の生活空間，人間と自然のふれあいの場，洪水調節や都市気候の緩和，環境教育，食料生産，健康と福利の改善などが挙げられている．

　ニホンウナギの保全と持続的利用に寄与する生態系インフラストラクチャーとして，遊水地がある．遊水地とは，河川が増水したときに，河川からあふれた水を受け止めるために設定された区域を指すが，適切に管理されることによって，野生生物の生息地にも，植物の蒸散作用によって気温の上昇を抑える効果を発揮する場にも，人間が自然とふれあう場にもなり得る．このほかにも，環境教育を行える場，食用の魚介類を捕獲する場，散歩をして健康を増進する場など，実に多様な機能を発揮できる可能性がある．

　ウナギにとって遊水地は，失われた氾濫原湿地に代わる生息域とな

[†1] 日本学術会議自然環境保全再生分科会 (2014) ＞復興・国土強靱化における生態系インフラストラクチャー活用のすすめ
http://www.scj.go.jp/ja/info/kohyo/pdf/kohyo-22-t199-2.pdf (最終アクセス 2016年4月4日)

るため,成育場が拡大され,個体群の回復に貢献する.実際に,静岡県の巴川の水位調節を目的として設置された麻機遊水地では,ニホンウナギの生息が確認されている.治水対策として設置される護岸やダムはニホンウナギ個体群にダメージを与えるが,同じように治水を目的の一つとした構造物であっても,多様な機能を有するように計画された遊水地であれば,個体群の回復に寄与することができる.

図 生態系インフラストラクチャーとしての遊水地
遊水地の貯水力は水害から地域住人を守るだけでなく,微高地や自然堤防とともに,陸上・水生の野生生物に生息域を提供する.人間は遊水地を憩いやレクリエーションの場として利用できるのみならず,これらの野生生物を採集して食料(ウナギや蜂蜜など)や材料(ヨシなど),燃料(薪)として利用することができる.

い河川は,改善する必要があるだろう.

次に,ニホンウナギはある程度の大きさまで成長すれば,淡水生態系では最上位の捕食者となる.捕食者を支えるのは,生産者(植物や植物プランクトン)や餌となる小型の動物であり,このためニホンウナギが健全に成育できる水域には,上位捕食者を支える豊かな餌生物が存在すると考えられる.ニホンウナギが水辺の生態系の指標種として優れている点は,ほかにもある.本種の分布域は非常に広く,北海道から沖縄まで採集記録が存在するため,広い地域に同一の指標を適用することが可能になる.

河川と海のつながり,水辺の食物網の健全性の指標種として優れ

ているだけでなく，ニホンウナギは水辺の生物多様性の回復を進めるためのシンボル種としても，大きな役割を果たすことができる．ウナギは食材として人気が高いだけでなく，「謎の多い生物」として，その生態にも注目が集まっている．指標種として優れた性質をもち，社会的に感心の高いニホンウナギをシンボル種とすることにより，失われつつある水辺の生物多様性の回復を促進することができないだろうか．現在，ニホンウナギは減少しており，個体群を維持・回復させるための対策が必要とされている．その対策をニホンウナギ一種のみを救うだけのものに終わらせず，広く水辺の生態系の豊かさを取り戻すことにつなげていくことができれば，人間社会にとって，より有益な取組みとなるだろう．

3.5 これからの保全

今後，ニホンウナギの保全と持続的利用をどのように進めていくべきなのか．情報が限られ，不確実性の高いこの問題を解決に導くために必要な考え方を整理する．

ヨーロッパの先行事例に学ぶ

ニホンウナギに先行してIUCNレッドリストで絶滅危惧種に指定され，ワシントン条約では附属書IIによって国際取引が規制されている本種について，ヨーロッパではどのような保全策が進められているのだろうか．

ヨーロッパウナギの保全は，おもにEUによって進められている．2007年に下された欧州委員会の決定により，人間の影響がまったくなかったと想定した場合の，40%の銀ウナギが産卵場へ向かうことが目標として掲げられ，この目標に対して，EU加盟国は2009年までに，それぞれの国でEel Management Plan（ウナギ管

理計画）を，以下の三つの項目について立案することが定められた．

(1) 商業的漁業および遊漁を規制すること
(2) ウナギの遡上を促進すること
(3) 適切な水域へ若いウナギを放流すること

EUの事例から学ぶこととして始めに挙げられるのは，その明確な数値目標である．過去のヨーロッパウナギの個体群サイズを適切に算出することが可能なのか，また，なぜ回復の目標が30％でも50％でもなく，40％なのか，その理由には不明確な部分もある．しかし，限られたデータの中でも，どうにかしてある程度合理的な数値目標を設定しようとする努力は，見習うべきものがあるだろう．

次に参考になることは，管理責任を負う主体が明確化され，それぞれの主体に責任と決定権が存在することである．EUでは，「銀ウナギを往時の40％に戻す」という目標に向け，EU構成国がそれぞれの事情にあわせてウナギ管理計画を立案し，実行する．日本でも，国家行政が東アジア諸国と調整を計りながら数値目標と大枠の計画を立て，地方行政や地域住民がそれぞれの事情を考慮した個別の計画を立案してはどうだろうか．

漁業と遊漁の規制については，漁獲されたシラスウナギ（12 cm未満）の60％を放流に供することを定めるとともに，ワシントン条約による規制とは別に，EU域外とのヨーロッパウナギの取引を，輸出入ともに禁止している．

ウナギの遡上の促進，海と川とのつながりの回復に向けた努力も注目される．例えば，河川横断工作物によって遡上が阻害されている場所について，eel ladder（ウナギ梯子）と呼ばれるウナギ専用

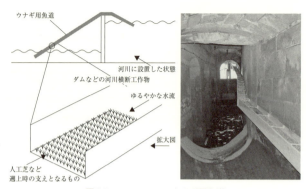

図3.7 ヨーロッパのウナギ用魚道

アルミやプラスチックで作られた樋の底面に，人工芝のような細長い樹脂が敷き詰められている（左図）．イギリスのイーストサセックスにあるウナギ魚道は，奥に見える水門をウナギが通過するため，川をまたぐ道路の下をくぐって設置されている（右図）．シラスウナギと，ごく小さな黄ウナギを対象に想定している（写真：Adam Piper）．

の魚道の設置が進められている（**図3.7**）．これは，人工芝を敷いた雨樋のようなもので，上流から水を流すことによってウナギの遡上を可能にする．さらに最近では，ウナギだけでなく，そのほかの魚類や甲殻類も河川を遡上できるように，河川横断工作物を撤去する動きも進んでいる．遡上だけでなく産卵に向かうための降河回遊もあわせて配慮されており，下流へ下るための迂回路の設置，取水口への魚の侵入を防ぐ防護柵の取り付け，光や水流を利用した迂回路への誘導，降河回遊時期の発電用タービンの停止など，上流へ遡上した銀ウナギを安全に降下させるために，研究開発段階のものも含め，多方面からの工夫がなされている．

放流に関する考え方にも大きな違いが見られる．日本では，地元の漁業協同組合が，将来の漁獲の対象として，それぞれの管理する水域にウナギを放流している．これに対して，EUで主に行われて

いるのは加入が途絶えた水域への移送放流である．ヨーロッパ北部のバルト海沿岸地域は，もともとヨーロッパウナギのシラスウナギの進入が見られた地域だが，近年の個体群サイズの縮小とともに，ほとんど加入が確認されなくなった．これらの水域に，フランスやスペインなどヨーロッパ南部に集中して進入するシラスウナギを移送し，成育場の面積を拡大させている．

移送放流された個体が病原体を拡散しないのか，また，正常に成長して産卵場までたどりつくことができるのか，EUにおいても大きな議論がある．特に，人為的移送によってウナギの方向感覚が狂い，産卵場へ戻ることができなくなることを示唆する研究結果も報告されており，その効果に関して科学的な結論が出ないままに移送放流が継続されている状況に疑問を呈する専門家もいる．しかし，日本におけるウナギの放流を見直す必要がある現在，EUにおける個体群の回復を目指した戦略的な移送放流は，参考にするべき事例である．

EUにおける対策のすべてが順調に進んでいるわけではない．例えば放流に関して，漁獲したシラスウナギの60%を放流するとの規則があるが，漁獲した個体を自然に戻すよりも，漁獲を制限したほうが魚を傷めることもなく，手間もかからないだろう．この一見無駄とも思えるシステムは，シラスウナギ漁業者の収入減を補うために設定されたようだ．放流用のシラスウナギを政府が買い取ることによって，禁漁によって収入が断たれることを回避する効果が生まれる．また，第2章2.4「その他のウナギ属魚類の危機」で紹介したように，2013年にはシラスウナギ漁獲量のうち4割にあたる約20tが「喪失(loss)」したと報告されており，ヨーロッパのウナギ保護策が完全には機能していないことが伺われる．しかし，違法取引を示唆する喪失を量的に把握していることは，むしろ評価するべ

きであろう.

これらの取り組みとの因果関係は明らかでないが, 2011 年以降ヨーロッパウナギのシラスウナギの来遊量が増加傾向にあることも報告されている. このまま個体群の回復につながれば, 非常に心強い先行事例となるだろう.

日本を含む東アジアが, 彼らの取り組みをそのまま実行することは難しい. ヨーロッパでの取り組みは EU を中心に行われており, EU 域外のヨーロッパウナギが生息する国々, 例えば北アフリカ諸国などは, まだ歩調を揃えてはいない. EU のような枠組みの存在しない東アジアでは, 国家間, 地域間の協働はいっそうの困難を伴う. ニホンウナギの保全と持続的利用における国際的な協働の重要性については後段「ステークホルダーの協働 (2)——国際的な協働へ向けて」で述べるが, 東アジアに EU の取組みをそのまま導入することができないとしても, 数値目標の設定や責任と決定権の明確化, 放流に対する戦略的な取り組みなど, 学ぶべきことは多い. ニホンウナギについて, 一からデータをそろえ, 調査研究を行ってから対策を考える時間は残されていない. 先行事例を学ぶことによって, 効率よく保全と持続的利用のための方策を立案する必要がある.

不確実性の高い分野における意思決定

ニホンウナギの保全と持続的利用を進めていくためには, ウナギの生態を理解するだけでなく, 資源量や漁獲量に関するデータが必要になる. しかし, 現在のところ有用なデータは限られており, また, 調査研究の進展によって何かしらの結果が得られたとしても, その精度は社会が要求するレベルのものではないだろう. 例えば漁業管理では, 漁獲枠の一割の増減が大きな問題となる. 関係者の収

入に直結するため当然のことだが，東アジア全域の河川や沿岸域に生息するニホンウナギの個体数やその増減を，一割以下の精度で推測することは不可能だろう．また，成育場の環境に関して，どの程度まで環境を回復させればニホンウナギが個体数を増加させるのか，高い確度で答えることも，やはり困難である．科学的な知識が重要であることは当然だが，科学の力に限界があることも，市民，行政，専門家は心得ておく必要がある．

それならば，ニホンウナギ減少の問題はどのように解決すべきなのか．明確な合理的根拠がない状態であれば，意思決定に根拠をあたえるものは，多様な主体を含む市民全体の合意以外に存在しないのではないだろうか．

専門家でも解決できない問題を，非専門家の関与によって解決しようとする考え方は，一見逆説のようにも感じられる．しかし，二つの側面から，非専門家の関与によって，問題が解決に近づく可能性が高まると考えられる．第一に，専門家に不足しがちな現場知（local knowledge）のインプットにより，地域の文脈や経験則に基づく解決策を考慮することが可能になる．科学の世界では一般的に，複雑な現実を単純化・理想化した「モデル」を想定することによって対象への理解を深めようとするが，これは，現場における複雑性を排除するプロセスでもある．現実の社会で生じている問題は，必ず何らかの具体的な空間や物質，システムと関わりがあり，理想化されたモデルでは説明不可能な部分を含む．専門家が想定するモデルは一般的な方向を示すことはできても，現実に即した解決策の提示という部分では弱点を持つ[13]．

---

[13] この議論は，藤垣裕子著『専門知と公共性——科学技術社会論の構築へ向けて』（東京大学出版会）に詳しい．

第二の効果として、市民が意思決定に参加することによって、よりスムーズに対策が実現される可能性が高まることが挙げられる。例えばウナギの漁業管理を行う場合、専門家が持続可能な漁獲量を推測し、行政がその基準を許可量として制限をかけても、漁業者はその規則を遵守するだろうか。その一方で、専門家が推測した値をもとに許可量を決定する場に、漁業者を含む、ウナギに関わるステークホルダーが参加し、全体の合意のもとに許可量が決定されたとすれば、その制限が守られる可能性はより高くなるだろう。

　ニホンウナギの保全と持続的利用をどのように進めていくのか。この問題は、本種をめぐる状況を現状のままに放置するか、それとも何かしらの対策を打つのかという根本的な選択を含め、関係する主体全体で決定すべきことであり、少なくとも、専門家のみに任せて解決する問題ではない。関係者内での議論の進め方については、本節後段、「ステークホルダーの協働(1)——国内の協働へ向けて」で考える。

順応的管理とモニタリング

　不確実性の高い領域における意思決定では、多様な主体が参加することに加え、順応的管理 (adaptive management) の考え方が重要となる (**図 3.8**)。順応的管理は (1) モニタリング、(2) 意思決定、(3) 実行の三つの大きなステップから構成される[14]。(1) のモニタリングは現状把握を目的としており、ニホンウナギの問題でいえば個体群サイズの動態やそれに影響を与えている要因の解明にあたる。(2) のステップでは、モニタリングの結果を踏まえて目標の

---

[14] 順応的管理と似た考え方に PDCA サイクルがある。PDCA サイクルでは、Plan (計画) →Do (実行) →Check (評価) →Action (改善) の順で問題への対処を行う。Action において Plan の改善を行い、再度 Do へ進むことを繰り返す。

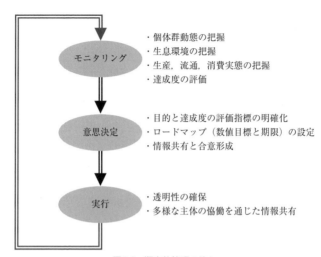

図3.8 順応的管理の流れ

右側の項目は，ニホンウナギの保全と持続的利用を進めるにあたって留意すべきことがら．

設定と計画立案が行われる．ここでは，幅広い合意に基づく，明確なゴール設定が必要となる．(3)において計画された内容を実行するが，順応的管理のポイントは，この後で再度(1)のモニタリングに戻るところにある．不確実性の高い問題では，計画通りに対策を進めた場合でも，予測と異なる結果が生じる可能性がある．このため，必ず結果をモニタリングして意思決定にフィードバックし，必要があれば計画に修正を加える．

野生生物の管理は不確実性が高く，人為的な操作が予想外の結果を生じさせることは珍しくない．奄美大島でハブ (*Protobothrops flavoviridis*) の駆逐のため導入されたフイリマングース (*Herpestes auropunctatus*) が，ハブではなく，希少在来生物のアマミノクロウサギ (*Pentalagus furnessi*) を捕食し，減少させたこと

Box 12　市民参加型調査を通じた情報共有

　市民参加型調査では，地域の住民と専門家や行政などが協働して野生生物のモニタリング調査等を行い，対象となる生態系にともに接し，同時に現状を知る．これらの過程を通じて，モニタリング情報が集積されるほか，多様な主体間での情報共有について，以下の効果を発揮する．

(1) **専門家と非専門家の情報共有の促進**：専門家と非専門家が「同時に」知識を得るため，両者の間に知識の偏りが生じにくい．また，個々の現場に身をおくことにより，地域特有の環境に関する知識や伝統など，非専門家の有する現場知(local knowledge)を，専門家へ適切に伝えることが可能になる．
(2) **利害関係の異なるステークホルダー間の理解の促進**：野生生物に関する問題では，農林水産業など一次産業従事者と，工業やサービス業などの二次・三次産業従事者とで，保有している知識や背景が大きく異なる．同様に，一次産業のなかでも農業者，林業者，漁業者の間には大きな隔たりがあり，これらの知識や立場の相違は，合意形成の妨げになる．市民参加型調査を通じ，異なる背景を持つ地域住民が，それぞれの感覚を共有することが可能になる．
(3) **世代を超えた情報共有**：子どもが参加できるイベントでは，異なる年代の参加者が協働して調査を行うことによって，地域の環境に関する情報が，世代を超えて共有される．また，将来地域の社会を担う子どもたちが，地元の環境に触れ，興味と知識を深める機会を得られる．

　現在，全国ではすでにさまざまなかたちで市民参加型調査が行われている．福井県の三方五湖自然再生協議会が運営した「みんなの三方五湖調査」では，春と秋の二回の調査が行われた．この水域の淡水生態系の保全と回復を目指した取り組みだが，春の調査は農業の場であ

> る田んぼでコイやフナの産卵の状況をモニタリングし，秋の調査では漁業の場である湖で外来魚のモニタリングが行われた．利害が対立しがちな農業者と漁業者が，互いのフィールドを訪れることによって行われたこの調査は，異なる背景を持つ地域住民の相互理解の促進に，一定の役割を果たした．
>
> 2012年より岡山県で行われている「旭川うなぎ探検隊」では，ニホンウナギをシンボル種として掲げ，毎年決まった場所で魚類相のモニタリングを行っている．地元の環境保全団体，漁業協同組合，河川事務所や研究機関のほか，岡山大学と岡山理科大学の学生ボランティアの協力によって支えられているこの取り組みは，河川環境について，地域の住民を含む多様な主体がともに考える場を提供している．

はよい例だろう．ウナギに関しては，ニホンウナギ増殖のために行われている放流において，ヨーロッパウナギが河川に放された事例が挙げられる．

　ニホンウナギを含む野生生物の管理では，その不確実性の高さから順応的管理の考え方に基づいて対策を進める必要があり，順応的管理の要はモニタリングにある．別の言い方をすれば，野生生物の管理においては，モニタリングを伴わない対策を行ってはならない，ともいえる．

　ニホンウナギの問題について考えると，現在日本で行われている放流を含め，適切なモニタリングが行われている対策はほとんど存在しない．「できることからやるべきだ」という意見もあるが，モニタリングを行わずに対策を進めることは，現在位置の確認をせずに山に登ることにも等しく，非常にリスクが高い．モニタリングには当然コストがかかる．このコストが，野生生物の管理には必要なものとして社会に受け入れられなければ，不用意な対策によって取り返しのつかない結果が生じるリスクはなくならないだろう．

求められる調査研究

不確実性が高い問題とはいえ,保全と持続的利用のための方策を立案するためには,基盤となる科学的な知識が必要となる.例えば,個体群構造は保全の単位を決定するための重要な情報であるが,東アジアに分布するニホンウナギが単一の任意交配集団であることが明らかにされていなければ,ニホンウナギの保全は種全体を対象として進めるべき,という発想すら生まれない.科学によって基礎的な知識が明らかにされて初めて,今後の方針を考えることが可能になる.

ニホンウナギの保全と持続的利用を考えたとき,現在最も必要とされる調査研究は,個体群サイズの動態に関わる研究,および成育場の環境回復に関わる研究だろう.個体群サイズの動態をある程度でも把握しなければ,適切な漁業管理を進めることは難しい.詳細で正確な数値を得ることは不可能であるとしても,可能な限り正確に状況を把握することによって,社会的な合意形成が促進され,順応的管理を行うための指標を得ることができる.

成育場の環境変化に関しては,水域間のつながり,河川や沿岸環境の単純化,水質の悪化,外来生物の侵入など,減少に関わると想定されるさまざまな要因のうち,どの要因がニホンウナギの減少と強く結びついているのかを明らかにし,その要因を取り除く方法を開発することが必要とされる.

さらに,これらの調査研究と平行して行うべきは,漁業管理や河川・沿岸域環境の回復など,実際に何らかの対策を行ったときに生じる社会的・経済的なインパクトに関する社会科学的なシミュレーションである.ニホンウナギの保全と持続的利用のための対策を,現実の社会のなかで行うときには,その実効性を担保するとともに,社会・経済への悪影響が不必要に増大しないよう配慮する必要

がある．また，対策について社会的な合意形成を進めるためにも，その対策によってどのような影響が生じる可能性があるのか，可能な限り正確な情報を社会で共有する必要がある．残念ながら，この分野の研究はほとんど手が付けられていない．自然科学系の研究者と社会科学・人文学系の研究者がともに協力し，分野横断型の取り組みを進めていく必要がある．

ステークホルダーの協働 (1)――国内の協働へ向けて

ニホンウナギの保全と持続的利用を進めるためには，市民の合意に基づく意思決定が重要であることを述べた．ここでいう市民とは，ニホンウナギに関わるステークホルダーと言い換えることができるだろう．それでは，ニホンウナギをめぐるステークホルダーとはどのような人たちで，その中でどのように合意形成を進めるべきだろうか．

「ステークホルダー」という単語は「利害関係者」と訳される場合が多いが，「利害」という言葉の捉え方によって，対象には大きな違いが生じる．狭く考えれば，ニホンウナギのステークホルダーは漁業者，養殖業者，中間流通業者，外食産業や小売店，行政と研究者といった，職業としてウナギに関わる個人や組織である．しかし，実際に対価を支払う消費者，ウナギを食べないまでも保全を進めようとする環境保護団体や個人も，当然ステークホルダーに含まれるべきであるし，また，行政が関わる問題であれば，すべての有権者と納税者，および将来の有権者と納税者もステークホルダーの一部である．このように考えると，ニホンウナギに関わるステークホルダーは非常に幅広く，日本国内に該当しない人間や組織を見つけることは困難とさえいえるだろう．ステークホルダー間の合意形成が必要とはいえ，議論に参加する人間が増えれば，意見のやり取

Box 13　日本ウナギ会議

　経済的に重要な存在であるウナギの問題を解決に導くためには，ステークホルダー間の合意形成が必要であり，そのためには適切な情報共有が欠かせない．このような問題意識のもと，2015年5月2日，「日本ウナギ会議」が発足した．

　この会議は，前年の2014年に，漁業者，養殖業者，餌料生産業者，流通業者，蒲焼商，生活協同組合，環境NGO，行政，専門家など，ウナギに関わる広範なステークホルダーが集まって開催された「ウナギ資源ワークショップ2014」を原型としている．2014年のワークショップは，IUCNレッドリストのウナギ属魚類評価において座長を務めたMatthew Gollock博士の発案により，東アジア鰻資源協議会(EASEC)日本支部会の主催で行われた．ウナギをめぐる，日本国内の広汎なステークホルダーが一堂に会し，ウナギの保全と持続的利用という共通の目的を確認し，それぞれの立場から情報共有を進めていくことを決議した．この決議をふまえ，名称と規約を新たに定めたのが，「日本ウナギ会議」である．

　ステークホルダーの選定や，情報共有からどのように実効性のある対策につなげるのかといった問題が山積してはいるが，ようやく日本国内のステークホルダーのうち，職業としてウナギに関わる人々がウナギの問題を議論する場が整えられた．

　ウナギに関する情報は不足しているといわれる．しかし，実際には存在していても，広く知られていない，または整理されていない情報も多いだろう．幅広いステークホルダーが連携することによって，散在している情報を集積し，整理することが可能になる．新たな調査研究によって知見を得ることも重要だが，既存の知識を利用できる状態に収集・整理することは，効率性の高さから，場合によっては新規の調査研究以上の効果を発揮する．

　生まれたばかりの日本ウナギ会議の可能性は未知数だが，ウナギの保全と持続的利用のために最大限の効力を発揮できるよう，参加して

> いるステークホルダーが協働することが望まれる．さらに今後は，職業としてウナギに関わる人間だけでなく，市民を含む，さらに広範なステークホルダーを巻き込んだ議論を進めるための場も，新たに整える必要がある．

りは困難になる．必要に応じてステークホルダーの範囲を適切に設定することが，合意形成を進めるうえでも重要である．

　ステークホルダーの範囲設定につづくステップとして重要になるのが，ステークホルダー間の合意形成を進めるための，正確で十分な情報の共有である．情報共有が適切になされず，一部の人間にのみ情報が占有されている状況では，ステークホルダーの合意を促進し，協働を実現することは難しい．

　情報共有において必要なことは，コミュニケーションの双方向性である．ニホンウナギの問題に関わる情報には，生物学や統計学，河川工学など専門的な知識が多分に含まれる．専門知識の伝達においては，専門家から非専門家へ知識を受け渡す，単一方向の情報伝達が行われることが多い．書籍や勉強会・講演会などはその代表的な例である．書籍や講演会は，まとまった知識を効率よく伝えられるという点で非常に有用ではあるが，単一方向の情報伝達のみでは，適切な合意形成を得ることは困難だろう[15]．

　合意形成は，参加主体それぞれが他者の意見を受け入れ，自分の見解を訂正し得る状態でなければ，適切に進行しない．すでに答えが決まっている問題であれば，議論を行う意味はなく，合意を形成する余地も存在しないためである．参加するすべての主体が自らの

---

[15] この議論は，小林傳司『誰が科学技術について考えるのか』（名古屋大学出版会）に詳しい．

意見や見解を修正する準備があること，これが合意形成を進めるための前提条件であり，合意形成を目指した情報共有においても，同様の姿勢が求められる．同じことは行政や立法府に対してもいえることであり，既存の方針を変更する準備がなければ，議論の場を設けることに意味はない．

ステークホルダーの協働 (2)——国際的な協働へ向けて

ニホンウナギは種全体が単一の任意交配集団であるため，局地的な事象，例えば乱獲や成育場環境の劣化による個体数の減少も，分布域全体に影響を及ぼす．したがって，分布域内に存在する中国，台湾，韓国，北朝鮮などの国や地域に居住するステークホルダーとも，日本国内と同様に協働を進める必要がある．

国際的な調整は，水産庁を中心に進められている．前述のように，2014年にはウナギ養殖を行っている主要な国々である日本，中国，台湾，韓国でシラスウナギ池入れ量の上限設定が合意され，今後，ウナギの持続的利用を目指した，法的拘束力のある「ウナギ条約」を締結することも視野に入れられているという．シラスウナギ池入れ量の設定方法など，現状の対策に不十分な点があるのは確かではあるが，ようやく始まった取り組みが実効力を持つものになるよう，行政の取り組みをサポートすることが重要だろう．

このほか，1998年に設立された東アジア鰻資源協議会（EASEC）による，専門家の協働の枠組み作りも重要な役割を果たす可能性がある．東アジア鰻資源協議会は，日本，中国，台湾，韓国のウナギ研究者および関係者の交流促進を目的とし，養殖業や流通業，蒲焼商などウナギに関わる業界組織とともに活動している．現在の会長は台湾海洋大学の曾萬年教授で，2011年には中国の青島，2012年には台湾の基隆，2013年には東京，2014年には韓国の光州と，各

国持ち回りで年会を開き，おもに研究者間の情報共有が行われている．2015年に中国の上海で開催された会合にはフィリピンも参加し，ニホンウナギだけでなく，東南アジアに生息するビカーラ種など，熱帯性ウナギ属魚類も対象として，保全と持続的利用に関する情報交換が行われている．東アジア全体で単一の個体群を形成しているニホンウナギの研究では，生息域内の専門家同士の協働が欠かせない．今後，東アジア鰻資源協議会が中心となり，東アジアのウナギ専門家が一つのチームとなって，ニホンウナギの保全と持続的利用に向けた調査研究を進めていくことが期待される．

持続可能な社会の実現へ向かって

　ニホンウナギの減少をめぐり，「鰻の蒲焼が食べられなくなるかもしれない」「消費を削減すれば，ウナギを生業としている人たちの生活が立ち行かなくなるのではないか」という心配がなされるのは当然のことである．しかし，現状のまま無規制に消費を続け，河川や沿岸域の環境も回復されなければ，このままニホンウナギは減少していくだろう．いつか蒲焼は食べられなくなり，ウナギに関わる商売で生活している人々が，収入を断たれることも考えられる．

　適切な保全策を講じることによって初めて，持続的な利用は可能になる．行き過ぎた消費を抑制し，成育場の環境を回復することこそが，人間とニホンウナギが共存できる，唯一の道だろう．

　ニホンウナギの保全と持続的利用を目指すことは，資源の持続的利用と，環境と開発のバランスを探る，大きな課題に取り組むことである．ニホンウナギが自らの力で生き残り，成長し，産卵して個体群が維持され，その一部を人間が利用する．このような理想の実現に向かうことは，持続可能な社会を目指すこと，そのものだろう．ニホンウナギの問題を，うな重やうな丼の値段の問題として矮

小化せず,持続可能な社会の実現という大きな目標の一部として位置づけて考えること.より広い視点からこの問題を見つめ直す姿勢が,本当の問題解決につながる.

参考文献

Bruijs, Maarten CM, and Caroline MF Durif (2009) Silver eel migration and behaviour. *Spawning Migration of the European Eel*. Springer Netherlands, 65-95.

Council of the European Union (2007) Council Regulation (EC) No 1100/2007 of 18 September 2007 establishing measures for the recovery of the stock of European eel.

藤垣裕子 (2003)『専門知と公共性——科学技術社会論の構築へ向けて』東京大学出版会.

福井県 編 (1956・1957)『大正昭和福井県史(上)(下)』福井県.

Hitt NP, Eyler S, Wofford JEB (2012) Dam removal increases American eel abundance in distant headwater streams. *Transactions of the American Fisheries Society*, **141**, 1171-1179.

ICES (2013) Report of the Joint EIFAAC/ICES Working Group on Eels (WGEEL), 18-22 March 2013 in Sukarietta, Spain, 4-10 September 2013 in Copenhagen, Denmark. ICES CM 2013/ACOM:18. 851.

Itakura H, Kaino T, Miyake Y, Kitagawa T, Kimura S (2015) Feeding, condition, and abundance of Japanese eels from natural and revetment habitats in the Tone River, Japan. *Environmental Biology of Fishes*, 1-18.

Kaewsangk K, Hayashizaki KI, Asahida T, Ida H (2000) An evaluation of the contribution of stocks in the supplementation of ayu Plecoglossus altivelis in the Tohoku area, using allozyme markers. *Fisheries science*, **66**, 915-923.

Kaifu K, Miyazaki S, Aoyama J, Kimura S, Tsukamoto K (2013) Diet of Japanese eels *Anguilla japonica* in the Kojima Bay-Asahi River system, Japan. *Environmental Biology of Fishes*, **96**, 439-446.

環境省 (2015)『レッドデータブック 2014 絶滅のおそれのある野生生物—4 汽水・淡水魚類』ぎょうせい.

小林傳司 (2004)『誰が科学技術について考えるのか』名古屋大学出版会.

久保田仁志, 手塚清, 福冨則夫 (2008)「マイクロサテライト DNA マーカーによる釣獲されたアユの由来判別と種苗放流による増殖効果の評価」日本水産学会誌, **74**, 1052-1059.

Miyai T, Aoyama J, Sasai S, Inoue JG, Miller MJ, Tsukamoto K (2004) Ecological aspects of the downstream migration of introduced European eels in the Uono River, Japan. *Environmental Biology of Fishes*, **71**, 105-114.

農林水産省 (1956-2013) 漁業・養殖業生産統計年報, 農林水産省大臣官房統計部.

Sugeha YS (2008)「インドネシアにおけるウナギの研究と資源保全：シラスウナギの加入」世界ウナギシンポジウム宮崎大会, 宮崎.

高村健二 (2013)「琵琶湖から関東の河川へのオイカワの定着」in『見えない脅威 "国内外来魚"』日本魚類学会自然保護委員会編, 東海大学出版会.

鷲谷いづみ (2008) 生態系ネットワークの再生と生物多様性指標としてのウナギ. 月刊海洋号外, **48**, 140-146.

Westin, Lars. "Migration failure in stocked eels *Anguilla anguilla*." *Marine ecology Progress series*, **254** (2003): 307-311.

ニホンウナギの保全と持続的利用のための11の提言

　これまでの議論をふまえ，ニホンウナギの保全と持続的利用を実現するために必要な具体策を提案する．それぞれの提言には，根拠として参照すべき本書の章・節を付す．

提言1：ニホンウナギの管理責任分担の明確化

　ニホンウナギについては，国が責任を持って保全と持続的利用を推進するシステムを構築する必要がある．ただし，全国の河川や沿岸域に成育場が分散していることから，個体群動態など現状の解析と管理計画の立案，国家間・都道府県間の調整は国が行い，現場レベルの管理については都道府県行政が計画を立案し施行するといったように，適切に責任を分担すべきである．
　参照：第3章3.3「日本のウナギ漁業管理の現状」

提言2：個体群サイズ動態の把握

　適切に個体群管理を進めるためには，現状の把握が欠かせない．

ニホンウナギの保全と持続的利用のための 11 の提言

しかし，現在入手可能なデータでは，個体群サイズの動態を推測することは難しい．個体群サイズの動態を把握するため，適切な指標を設定し，データを収集するためのモニタリングシステムを早期に構築する必要がある．モニタリングの手法としては，漁業日誌の普及など漁業に関する情報収集制度の整備とともに，漁業とは独立した科学的なモニタリングを進めることが重要である．
参照：第 2 章 2.1「個体群動態」，Box 5「漁業日誌のチカラ」

提言 3：シラスウナギ漁獲量を削減する実効力のある規制

減少している生き物を持続的に利用するのであれば，現状よりも消費を削減すべきである．現行の池入れ量制限において，科学的な個体群サイズ動態の指標に基づいた上限量の設定方法を議論する必要がある．少なくとも，何年後にどのような決定方法に移行するのか，そのロードマップを明確にすべきである．
参照：第 3 章 3.3「日本のウナギ漁業管理の現状」，「漁業管理の試み (1)――シラスウナギ池入れ量の制限」，Box 8「責任ある流通と消費」

提言 4：池入れ量制限における人工種苗の取り扱いに関する議論の開始

人工種苗の商業利用が天然シラスウナギ漁獲量の削減に結びつくように，現行の池入れ量制限に人工種苗を含める必要がある．あわせて，人工種苗についてはその 50% を池入れ量として計算するなど，人工種苗の利用を促すシステムの構築が望まれる．
参照：第 3 章 3.3「漁業管理の試み (1)――シラスウナギ池入れ量の制限」，Box 6「人工種苗生産技術はニホンウナギを救うのか？」

提言 5：黄ウナギ禁漁区の設定

将来の親魚となる黄ウナギの漁獲量も削減すべきである．アウトプットコントロールの困難な黄ウナギの漁業管理については，禁漁区の設定が有効だろう．

参照：第 3 章 3.3「日本のウナギ漁業管理の現状」，「日本の漁業管理の問題」，Box 7「黄ウナギの漁業管理の進め方」

提言 6：銀ウナギの禁漁

産卵回遊に向かおうとする銀ウナギを保護するため，降河回遊時期にあたる 10 月から 1 月のウナギの漁獲を，全国一律で禁止または制限すべきである．一個体の雌のニホンウナギは，100 万個から 300 万個の卵を産むため，雌雄の銀ウナギを一組守ることで，100 万規模の次世代のウナギを生み出すことにつながる可能性がある．

参照：第 3 章 3.3「漁業管理の試み (2)——銀ウナギの漁獲制限」

提言 7：新しいシラスウナギ流通管理システムの構築

密漁・密輸を促進している可能性の高い，シラスウナギの県外への販売制限，および日本と台湾の間の取引制限を撤廃し，流通の過程を追跡できる，新しい流通管理システムを構築する必要がある．

参照：第 2 章 2.3「シラスウナギの密漁と密売」，Box 3「シラスウナギの密漁・無報告漁獲・密売と県外販売規制」

提言 8：放流から移送への転換

養殖場から購入された個体の放流と比較してリスクが低く，個体群回復の効果が期待できる放流の手法として，河川横断工作物の

上流への移送（汲み上げ放流），および，シラスウナギの進入が減少した地域への移送を検討すべきである．なかでも河川横断工作物の上流への移送は，現時点で得られている知見からも，十分に推奨できる．

参照：第3章3.2「ウナギ放流が抱えるリスク」，第3章3.5「ヨーロッパの先行事例に学ぶ」，Box 4「効果的なウナギの放流」

提言9：河川横断工作物による遡上の阻害の解消

河川横断工作物の上流の成育場を開放することは，ニホンウナギの個体群回復に対して即効性が期待できる方策である．可動式の堰については，シラスウナギが遡上し，銀ウナギが降河する秋期から冬期にかけて，堰を開放することも有効な対策の一つだろう．同時に，長期的な展望に立って必要性の低い工作物の撤去を進め，存続させるべきものについては，より水生生物の移動に影響の少ない構造に作り替えていくべきである．

参照：第2章2.4「失われる海と川と田んぼのつながり」，第3章3.4「河川・沿岸域の環境回復」，Box 9「世界で進む河川横断工作物の撤去」

提言10：河川と沿岸域の環境の質的改善

河川については，河岸に土と植生を復活させること，流路と水深の複雑性を取り戻すことと共に，遊水地を利用した治水を推進することが望ましい．沿岸域については，河口周辺の干潟の保全と回復が，ニホンウナギ個体群の回復に対して効果があるだろう．

参照：第2章2.4「失われる河川の複雑性」，第3章3.4「河川・沿岸域の環境回復」，Box 10「河川の自然を回復する」

提言 11：市民参加型調査を通じた情報共有

多様なステークホルダー間の情報共有を促進するにあたっては，市民参加型調査が大きな力を発揮する．地域が主体となり，行政や専門家とともに水辺の生物多様性の回復を目指すモニタリングなどの活動が広がれば，ニホンウナギの未来は，より明るいものになるだろう．

参照：第3章 3.5「不確実性の高い分野における意思決定」，「ステークホルダーの協働 (1)——国内の協働へ向けて」，Box 12「市民参加型調査を通じた情報共有」

ウナギに挑む保全生態学

コーディネーター　鷲谷いづみ

生態学と保全生態学

　生物学の他の分野と一線を画する生態学の特徴としては，研究対象，手法，および対象とする時空間スケールの幅広さをあげることができるだろう．生態学がその研究において扱う生物学的な階層は，最もミクロには分子から，最もマクロにはランドスケープや地球生態系まで，およそ生物学が扱うすべての階層にわたっている．関心が向けられる時間的スケールも幅広い．生理生態学における光化学反応の測定はマイクロ秒を対象とするが，進化を扱う場合には，生物の世代にして数世代から数十万世代にもわたるタイムスケールを問題とする．

　研究対象の多様さを反映して，研究手法も多様である．すなわち，生物学の他の分野ではあまり使われることのない，野外調査，野外実験，リモートセンシング，空間情報解析，数理モデルなどの手法が繁用される一方で，遺伝子や遺伝子産物の分析，成分や活性の測定など，生物学の他分野と共通性の高いものも含め，さまざまな手法を単独で，あるいは組み合わせて用いる．

　このように，対象においても研究方法おいても異質な分野を「生態学」という一つの科学領域に括るのは，それらが「生物と環境との関係」に主要な関心をおく科学である点で共通するからである．生態学の中にあって，保全生態学は，「生物多様性の保全と利用」という社会的目標への寄与を目的とする応用科学であるが，社会か

らは政策科学としての役割がもとめられる．生態学がこれまでに蓄積してきた知見や手法を駆使し，また，生態学の外の広範な分野の知見や手法も統合的に利用することで，目標実現のために社会が必要としている「知」を生産して提供する．

　生物多様性の保全においては，種の絶滅を防ぐことが主要な課題の一つとなる．そのために欠かせないのが，保全対象種の自然誌と生態学の基礎的情報である．しかし，栽培植物や家畜などに比べると大多数の野生生物に関する知見は，極端に少ない．自然誌の研究がどちらかといえば軽視されており十分な研究体制が存在しない日本では，保全生態学は，保全に欠かせない自然誌情報を収集するための研究をも担うことになる．他方，社会にとっては新たな課題である生物多様性の保全に関して，個別の保全策から自治体や国の政策・計画まで，その立案を科学面からサポートする政策科学としての役割も果たす必要がある．そのため，保全生態学の研究課題は生態学のなかで最も幅広いともいえるだろう．

ウナギの保全生態学

　社会的な目標に寄与する「使命の科学」(mission-oriented science) としての保全生態学の間口の広さと奥行きの深さを，絶滅危惧種のウナギの保全を具体的な例とし，余すことなく描き出しているのが本書である．著者の海部健三氏がウナギの「保全生態学」に取り組み始めたのは，ウナギの資源生態学（水産学）の学位論文をまとめた後，当時，東京大学農学生命科学研究科にあった保全生態学研究室の博士研究員となってからである．それから数年間，ウナギの保全にかかわる研究を精力的に進め，現在では，基礎，応用，政策科学をカバーする保全生態学の幅広い研究活動を展開している．

保全生態学は科学的な知見を社会と共有するための不断の努力を重視する．本書は，その媒体として，ウナギの保全の必要性，現状，のぞまれる対策などについての情報を広範な読者に提供するものとなっている．一方で，その内容は，保全生態学の研究活動の幅広いスペクトルを具体的な例で示すものともなっている．

次項以降，蛇足にならないように配慮しつつ，「ウナギの保全生態学」を一層掘り下げるためのヒントを記してみたい．

アリストテレスの動物誌と生息場所

生物学の先駆者の一人であるギリシャの哲学者アリストテレスの動物誌には，「ウナギの異常な発生」を取り上げた章がある．そこには次のような記述がある．

「ウナギは，交尾によって生まれるのでも，卵生するのでもなく，いまだかつて白子を持っているものも，卵を持っているものも，採れたことがないし，裂いてみても，内部には精管も子宮管もないので，…＜略＞…交尾によって生まれるものでも，卵から生じるものでもない．…＜略＞…なぜなら，ある池沼では，完全に排水し，底の泥をさらっても，雨の水が降ると，またウナギがでてくるからである．…＜略＞…ウナギは，泥や湿った土の中に生ずる大地のはらわたと称するもの［ミミズ］から生ずるのである」

この一節は，これまで「アリストテレスの自然発生説」として紹介されることが多かった．ウナギの産卵場所が，ウナギが採れる池沼などではなく，遠くの海域であることが明らかにされたのは，長い生物学の歴史からみればごく最近のことであり，その繁殖は，永らく謎のベールに包まれていた．アリストテレスのこの記述は，むしろ，当時，野生のウナギがどのような場所に生息していたかを知るよい手がかりといえるだろう．「ウナギがでてくる」泥深い池

沼とは，増水時に流水域と止水域（池沼），止水域同士がつながり，水生生物がそれらを行き来することのできる氾濫原湿地の池沼であったと推測できるからである．

一方，「ミミズからウナギが生じる」という記述は「ぼろ切れからネズミが発生する」といった類いの自然発生説としてではなく，ウナギとミミズの捕食-被食関係として読むことができるだろう．ミミズがウナギの餌となっていることは，本書の第1章 1.1 でも触れられている．アリストテレスのこの記述は，ウナギは，氾濫原湿地の水辺を生息場所（＝ハビタット）としており，泥の中にミミズが多くいるようなところで見られることをよく伝えるものとなっている．

アリストテレスの動物誌の「ウナギとその漁法」について述べている章には，「ウナギは淡水を食物としている」との記述がある．ミミズはともかく，エビなどの水生生物を餌として食べていることはどうやら当時は知られていなかったようである．それに引き続く記述には，「ウナギの養殖者たちは，水が絶えず平たい石板の上を流れ出ては流れ込むようにするか，ウナギいれに漆喰を塗るかして，水を特にきれいに保つ……．」とあり，当時すでにウナギの養殖が盛んであったが，ウナギの「食物」と考えられていた水の質には大いに関心がもたれる一方で，本来の餌に関心が向けられることがなかったことがわかる．

古くから食生活の中で重要な地位を占め，養殖の歴史も長いウナギだが，ギリシャ時代から現代に至るまで，それが謎の多い野生の魚であることには変わりがないようだ．現代においても，「どこで何を食べているのか」といったごく基本的な事柄を含め，ウナギの自然誌を豊かにしていくことは，その適切な保全にとっては不可欠であるといえるだろう．

ウナギは，今日のように淡水生態系が急速に改変される前の時代・地域では，氾濫原湿地の大小さまざまな止水域や流水縁など，河川域の多様な生息場所を利用していたと思われる．また，氾濫原に古い時代に開発された水田とそれに付随するため池や用排水路を氾濫原湿地の代替生息場所してきたに違いないことは，多くの水生生物と共通する．2000年代になると盛んになった田んぼの生き物調査のデータの生物リストの中にウナギが含まれていることがそれを裏付ける．しかし，河川・湖沼から氾濫原湿地の大半が失われ，それを代替する湿地であった水田も河川と切り離されてしまった現代の日本では，その「本来の暮らし」を観察する機会は，残念ながらきわめて限られているといわざるをえない．

　本書で成果の一部が紹介されているように，遅ればせながら野生のウナギの生息場所を探る研究が始まっている．しかし，ここ数十年の河川域とその周囲の水田生態系の改変はあまりに急であり，質・量の両面でウナギの生息場所は著しく劣化している現状では，「本来の生息場所」そのものを「現場」で見つけることは難しく，断片的な事実からのぞましい生息場所を理論的に復元することが有効なアプローチとなるだろう．

　半ば理論的に，半ば直感的に想定した生息場所に関する「仮説」は，その仮説に基づく実験としての「自然再生」を，社会の多様な主体とともに実施することで検証できる．自然再生などの実践を大規模な生態系実験となるように計画し，モニタリングの結果によって仮説を検証することは，保全生態学ならではの研究アプローチであるともいえる．

DPSIRスキームとウナギ

　保全生態学は，ウナギを，淡水生態系の生物多様性の保全・再生

を実践のシンボル種として重視する．高次捕食者であり，生息に利用する空間が広いことから，ウナギの保全をめざすことで淡水生態系の広範な生物多様性を保全できると考えられるからである．また，世界的な「淡水生態系の危機」に加えて「海洋生態系の危機」も急速に進んでいる今日，両方の生態系を利用して生活史を完結させるウナギに注目することは，「水の惑星」地球の生物多様性の現状と課題についての認識を深め，また広く共有するうえでも意義が大きいと考えられる．

生物保全にかかわる問題の認識のために，人間活動と生物多様性の関係の概念枠組みであるDPSIR（Driving force-Pressure-State-Impact-Response）スキームが提案されている．これは，D, P, S, I, Rと略される指標群とその間に結ばれている因果関係を示したスキームであり，問題の把握に役立つ「枠組み」として，生物多様性の要素について課題を整理するのに役立つ．

特定の絶滅危惧種の保全には，種を脅かしている要因を十分に見極めることが対策を立てるうえで欠かせない．このモデルでは，絶滅のリスクを直接高めている要因を「圧力」（Pressure）と表現する．ニホンウナギにあてはめるとすれば，開発による生息場所の量的・質的劣化やシラスウナギの乱獲などがそれにあたる．今後，地球温暖化の急速な進行により，幼生を沿岸まで運んでくる海流が変化し，日本列島の河口に到達できなくなるようなことがあれば，それも新たな圧力である．これら直接的要因は，複合的に作用しながら種の現状（State）を変化させる．

それら直接の要因を生じさせる間接要因「駆動因」（Driving force）を理解することは，根本的な対策を考えるにあたって最も重要であるともいえる．駆動因は，多くの種に共通の圧力を及ぼして，生物多様性全般に影響を与えるような，人口の量的・空間的

変化や産業やインフラ整備のニーズなど，社会経済的な要因を意味する．

ウナギにあてはめれば，乱獲の圧力の背後には，消費ニーズの高まりと消費・流通システムの問題点が駆動因として存在しているとみることができる．一方で，温暖化による海洋環境の変化の駆動因となっているのは，「エコロジカルフットプリント」指標からも窺い知ることのできる先進国の富裕層の過大なエネルギー消費である．

駆動因の作用により「圧力」が生じると「生物多様性の状態」，ここではウナギの個体群（個体数や空間分布）が変化し，その結果として生態系や人々に「影響」(Impact)が及ぶ．ウナギが好物でこれまでときどき消費していた消費者が，ウナギの供給量減少により値が高騰し，また絶滅危惧種を消費することへの倫理的抵抗感から消費を控えることになれば，それも個人レベルでの「影響」といえるだろう．

「レスポンス」(response)は，圧力を減じたり，望ましい状態を取り戻したり，影響を緩和するための政策や実践であり，そのような社会的反応に応じて駆動因や影響に適切な変化をもたらすことができれば事態は多少なりとも改善する．

このような問題構造がしっかりと把握されれば，複合的に作用している直接的な要因のうち，限定された空間範囲であれ努力すれば現実的に除去もしくは低減できるものを特定し，当面の対策の実践につなげることができるだろう．

事業を生態系実験に

保全の実践や自然再生事業を，仮説検証に寄与する生態系の実験として計画することは，それらの実践・事業の科学的な基盤を確固

としたものとして事業を成功に導くうえでも,また,生態学の科学的な知見を充実させるうえでも大きな意義をもつ.個体群や生物群集以上の生物階層に関しては,実験による理論検証の機会がほとんどない生態学にとって,それは,理論を検証し,新たな理論を構築するための絶好の機会であるともいえるだろう.今後ますます増えると考えられるこのような生態系規模の実験機会をうまくとらえ,生態学の発展につなげていく役割を担うのは保全生態学である.生態系保全・再生の事業を科学的な面でサポートすることは,生態学のアウトリーチ活動でもあり,生態学が社会の支持を得るうえで最も重要な社会貢献のあり方の一つであるともいえるだろう.

しかし,その実験は,実験圃場や実験室や試験管の中で行う実験とは異なり,社会的な行為としての性格をもつ.そのため,研究者には,科学的な面のみならず社会的な面においても,「実験」を適切に管理する能力が要求される.

保全や再生の事業もしくは実践としての「実験」には,計画段階から結果の解釈に至るまで,多様な主体との間の合意形成・協議が必須である.研究者は,現実の複雑な因果関係を読み解いて仮説をたて,実行可能な実験(=対策)をデザインして提案し,利害関係者や法制度上の管理者など多様な主体との協議や合意形成を経て,「実験」実施に至る.研究者には科学的な事項を人々に説明する責任がある.実験結果の分析や評価に関しても同様である.科学的な分析・評価から明らかにされたことを多様な主体と情報共有してはじめて研究のサイクルが完結する.

したがって,保全生態学の研究者には,従来の自然科学分野の研究者に求められてきた科学的な技能に加えて,広く社会的なことに目配りできる総合性や社会の多様な主体と円滑にコミュニケーションを行うことを可能にする能力が求められる.

ウナギの保全生態学が今後,このような面でどのように発展していくのか,楽しみである.

現代の自然選択による適応進化

現代は,地質時代として「人間中心世」と呼ぶべきであると主張されるほど,人間活動の影響が強く広く地球の生き物に及んでいる時代である.その影響は,単に脆弱な種の個体群を縮小させて絶滅のリスクを高めるというものだけではない.人間活動がもたらす強い選択圧に応じた適応進化も急速に進行している.

適応形質(非中立形質)の遺伝的な多様性(遺伝変異)は,環境の空間的・時間的変動によって維持される.均一な環境のもとでは,一貫した自然選択に応じて最適な形質を発現させる遺伝子の組合せだけが残される.それに対して,変動があれば,特定の組合せが常に有利とは限らないため,遺伝変異が保たれる.

人間活動は環境の不均一性や適度な変動を失わせつつある.モノカルチャーの農地を広がり,同じ規格の人工構造物が水辺を覆い,水域が一様に富栄養化するなど,画一的で単純な環境が急速に,また加速度的に広がりつつあるのが現代である.そのような人為的環境に適応できない生物種の衰退とそれに適応した侵略的な種の蔓延により,種間・種内を問わず適応的な遺伝形質の多様性も低下していると考えられる.

保全生態学では,その種の個体群の来歴を踏まえた保全の単位の把握や遺伝子流動を測定する際に中立遺伝マーカー,すなわち,自然選択を受けることがない遺伝子・配列を利用する.その変異は,突然変異によって時間とともに増加し,個体数が減少して偶然の効果が強まれば確率的に減少する.それに対して,何らかの機能とかかわり自然選択による適応進化にかかわる非中立遺伝子は,主に自

然選択に応じてその頻度が変化する．当然のことながらその挙動は中立遺伝子とは大きく異なる．

　非中立遺伝子に支配される形質は，個体数が十分に多く世代時間が短生物であれば，強い選択圧のもとでは迅速な適応進化がもたらされる．ウナギは，世代時間は比較的長いものの，魚類の例にもれず，少なくとも幼生期には個体数がきわめて多い．非中立遺伝子に遺伝的変異が存在すれば，幼生期から成熟期に至るまで，利用する環境に応じて，異なる自然選択にさらされるであろう．自然選択は，形質と適応度（生き死におよび繁殖成功）のあいだの「関係」であり，個体群動態と強くリンクする．すなわち，死亡率の高い生活史のステージでは特に強い自然選択を受ける可能性がある．また，繁殖成功に個体差が大きければ，それに影響を与える形質は強い自然選択を受ける．それらの形質が遺伝する形質であり，選択圧が一貫していれば自然選択による適応進化が起こる．

　強い人為による自然選択がかかり始めてから世代を重ねれば，ウナギにも顕著な適応進化が認められるだろう．生息場所がもたらす自然選択は，例えば，異なる選択圧にさらされたと推測される河川の河口域のみで過ごした集団と，河川を遡って氾濫原湿地の多様な環境で成長した集団の間で，産卵場所に向かう個体の非中立形質を調べることで把握できる可能性がある．成長期に利用した生息場所の履歴に応じた違いが認識でき，それらが遺伝する形質であり，繁殖活動に加わるまでの生死や産卵場所での繁殖活動における成功と何らかの相関をもつものであれば，自然選択による進化が起こるだろう．

　古くからの人間活動による環境改変（環境変動のあり方の改変），および最近の数十年の人間活動による環境改変がウナギの非中立形質にどのような自然選択を及ぼし，集団としての遺伝的な特性にど

のような変化が生じているのか，今後，解明がなされるべき課題の一つではないかと思われる．

索 引

【英数字】

adaptive management　124
CITES　68
EASEC　130
eel ladder　119
Eel Management Plan　118
IUCN　33
local knowledge　123

【あ】

池入れ量　53
意思決定　123
移送放流　121
遺伝的撹乱　81
ウナギ管理計画　118
ウナギ属　2
ウナギ梯子　119
エルニーニョ　45
塩分フロント　10

【か】

貝塚遺跡　46
外来生物　62
河川横断工作物　57
可塑性　17
カルシウム　18,19
黄ウナギ　14
寄生虫　82
基盤サービス　77
義務放流　84
供給サービス　77
漁業管理　101
漁業法　80
局所個体群　23
銀ウナギ　21
汲み上げ放流　85
現場知　123
合意形成　66
降河回遊　3
護岸　60
個体群構造　23
個体群サイズ　31

【さ】

再生産能力　96
コンクリート三面張り　60
産卵場　3
耳石　7
耳石微量元素　7
指標種　115
市民参加型調査　126
順応的管理　124
シラスウナギ　13
シンボル種　118
ステークホルダー　129
ストロンチウム　19
成育場　4
生態系インフラストラクチャー　116
生態系サービス　76

世代時間　37
絶滅危惧種　31
増殖義務　81
存在価値　78

【た】

地球温暖化　71
調整サービス　77
トガリウキブクロ線虫　89
特別採捕許可　53

【な】

西マリアナ海嶺　10
日本ウナギ会議　130
任意交配集団　24

【は】

氾濫原湿地　57
東アジア鰻資源協議会　130
干潟　64

病原体　81
不確実性　122
文化的サービス　77
放流　80

【ま】

密売　52
密漁　52
メタ個体群　23
モニタリング　72

【や】

予防原則　44

【ら】

レッドリスト　33
レプトセファルス　11

【わ】

ワシントン条約　67

memo

memo

memo

memo

著 者

海部健三（かいふ けんぞう）

中央大学法学部 准教授・中央大学研究開発機構 ウナギ保全研究ユニットリーダー

　1973 年東京都生まれ．1998 年に一橋大学社会学部を卒業後，社会人生活を経て 2011 年に東京大学大学院農学生命科学研究科博士課程を修了し，博士（農学）の学位を取得．東京大学大学院農学生命科学研究科 特任助教，中央大学法学部 助教を経て，2016 年より現職．専門は保全生態学．

　2013 年に国際自然保護連合 (IUCN) ウナギ属魚類専門家サブグループとして，ニホンウナギを含むウナギ属魚類の評価に参加．2015 年より IUCN 種の保存委員会ウナギ属魚類専門家グループメンバー．2014・2015 年度には，環境省のニホンウナギ保全方策検討委託業務において研究代表者を務めた．

　主な著書は，『わたしのウナギ研究』さ・え・ら書房 (2013)．

コーディネーター

鷲谷いづみ（わしたに いづみ）

東京大学 名誉教授，中央大学理工学部人間総合理工学科 教授

　1950 年東京都生まれ．1972 年に東京大学理学部を卒業，1978 年に東京大学大学院理学系研究科博士課程を修了し，理学博士の学位を取得．筑波大学生物科学系 講師，助教授，東京大学大学院農学生命科学研究科 教授を経て，2015 年より現職．専門は保全生態学．

　みどりの学術賞，日本生態学会功労賞などを受賞．里山や水辺の生物多様性の保全と再生などに関する幅広い研究や普及活動を行っている．

　主な著書は，『保全生態学入門—遺伝子から景観まで』文一総合出版 (1996)，『新・生態学への招待—生物保全の生態学』共立出版 (1999)，『自然再生—持続可能な生態系のために』中央公論新社 (2004)，『さとやま—生物多様性と生態系模様』岩波書店 (2011)，『〈生物多様性〉入門』岩波書店 (2010) など多数．

共立スマートセレクション 8 Kyoritsu Smart Selection 8 **ウナギの保全生態学** Conservation Ecology of Eel 2016 年 5 月 25 日 初版 1 刷発行	著 者　海部健三　© 2016 コーディ ネーター　鷲谷いづみ 発行者　南條光章 発行所　**共立出版株式会社** 　　　　郵便番号　112-0006 　　　　東京都文京区小日向 4-6-19 　　　　電話　03-3947-2511（代表） 　　　　振替口座　00110-2-57035 　　　　http://www.kyoritsu-pub.co.jp/ 印　刷　大日本法令印刷 製　本　加藤製本
検印廃止 NDC 468, 663.6 ISBN 978-4-320-00908-0	　一般社団法人 　　　　　　自然科学書協会 　　　　　　会員 Printed in Japan

---

JCOPY <出版者著作権管理機構委託出版物>

本書の無断複製は著作権法上での例外を除き禁じられています．複製される場合は，そのつど事前に，出版者著作権管理機構（TEL：03-3513-6969，FAX：03-3513-6979，e-mail：info@jcopy.or.jp）の許諾を得てください．

見つかる（未来），深まる（知識），広がる（世界）

共立 スマート セレクション

ダーウィンにもわからなかった
海洋生物の多様な性の謎に迫る
新シリーズ第1弾！

本シリーズでは，自然科学の各分野におけるスペシャリストがコーディネーターとなり，「面白い」，「重要」，「役立つ」，「知識が深まる」，「最先端」をキーワードにテーマを精選しました。
第一線で研究に携わる著者が，自身の研究内容も交えつつ，それぞれのテーマを面白く，正確に，専門知識がなくとも読み進められるようにわかりやすく解説します。日進月歩を遂げる今日の自然科学の世界を，気軽にお楽しみください。

●主な続刊テーマ●
ICT未来予想図‥‥‥‥2016年7月発売予定
地底から資源を探す／宇宙の起源をさぐる／美の生物学的起源／踊る本能／シルクが変える医療と衣料／ノイズが実現する高感度センサー／分子生態学から見たハチの社会／社会と分析化学のかかわり／他

【各巻：B6判・並製・本税別本体価格】

※続刊テーマは変更される場合がございます※

共立出版

❶ **海の生き物はなぜ多様な性を示すのか**
—数学で解き明かす謎—
山口　幸著／コーディネーター　巌佐　庸
目次：海洋生物の多様な性／海洋生物の最適な生き方を探る／他‥‥‥‥‥‥176頁・本体1800円

❷ **宇宙食** —人間は宇宙で何を食べてきたのか—
田島　眞著／コーディネーター　西成勝好
目次：宇宙食の歴史／宇宙食に求められる条件／NASAアポロ計画で導入された食品加工技術／現在の宇宙食／他‥‥‥‥‥‥126頁・本体1600円

❸ 次世代ものづくりのための**電気・機械一体モデル**
長松昌男著／コーディネーター　萩原一郎
目次：力学の再構成／電磁気学への入口／電気と機械の相似関係／物理機能線図 200頁・本体1800円

❹ **現代乳酸菌科学** —未病・予防医学への挑戦—
杉山政則著／コーディネーター　矢嶋信浩
目次：腸内細菌叢／肥満と精神疾患と腸内細菌叢／乳酸菌の種類とその特徴／乳酸菌のゲノムを覗く／植物性乳酸菌の驚異／他‥‥142頁・本体1600円

❺ オーストラリアの荒野に**よみがえる原始生命**
杉谷健一郎著／コーディネーター　掛川　武
目次：「太古代」とは／太古代の生命痕跡／現生生物に見る多様性と生態系／先カンブリア時代の地球表層環境／他‥‥‥‥‥‥248頁・本体1800円

❻ **行動情報処理** —自動運転システムとの共生を目指して—
武田一哉著／コーディネーター　土井美和子
目次：行動情報処理のための基礎知識／行動から個性を知る／行動を予測する／行動から人の状態を推定する／他‥‥‥‥‥‥100頁・本体1600円

❼ **サイバーセキュリティ入門** —私たちを取り巻く光と闇—
猪俣敦夫著／コーディネーター　井上克郎
目次：インターネットの仕組み／暗号の世界へ飛び込もう／インターネットとセキュリティ／ハードウェアとソフトウェア他‥‥240頁・本体1800円

❽ **ウナギの保全生態学**
海部健三著／コーディネーター　鷲谷いづみ
目次：ニホンウナギの生態／ニホンウナギの現状／ニホンウナギの保全策／ニホンウナギの保全と持続的利用のための11の提言 170頁・本体1600円

http://www.kyoritsu-pub.co.jp/